本教材获深圳大学教材出版资助
博士论丛

基于新文脉主义的城市色彩可持续研究

边文娟 著

中国建筑工业出版社

图书在版编目（CIP）数据

基于新文脉主义的城市色彩可持续研究 / 边文娟著 . —北京：中国建筑工业出版社，2019.4
（博士论丛）
ISBN 978-7-112-22925-3

Ⅰ. ①基… Ⅱ. ①边… Ⅲ. ①城市规划—研究—中国 Ⅳ. ①TU984.2

中国版本图书馆CIP数据核字（2018）第257467号

本书获广东高校优秀青年创新人才培养计划项目、广东省高等教育教学研究改革项目资助。

责任编辑：滕云飞
责任校对：王　烨

博士论丛
基于新文脉主义的城市色彩可持续研究
边文娟　著
＊
中国建筑工业出版社出版、发行（北京海淀三里河路9号）
各地新华书店、建筑书店经销
北京点击世代文化传媒有限公司制版
天津翔远印刷有限公司印刷
＊
开本：787×1092毫米　1/16　印张：11¾　插页：11　字数：239千字
2019年6月第一版　2019年6月第一次印刷
定价：**58.00元**
ISBN 978-7-112-22925-3
　　　　（33032）

前　言

随着城市化快速发展，城市风貌发生了剧烈的变化，城市色彩问题日益凸显，而城市色彩规划的兴起，使城市的色彩污染逐步得到缓解，但由于研究视野的局限性，城市色彩发展进入瓶颈期。当前城市色彩发展迫切需要建立一个完善的理论体系，从整体、全面的研究视角来整合提升理论成果与实践方法论，以促进城市色彩全方位、立体化、有机发展，更加有效地指导城市色彩规划。

城市色彩是城市文脉系统中的子系统，也是城市文脉传承的显性因子，反映了城市文脉积淀的本质。因此，基于上述发展困局以及实践需求，本书以城市色彩可持续研究为重点，从文脉延续的角度，系统地研究城市色彩的传承与嬗变，通过引介新文脉主义，结合城市色彩理论、城市自组织、生态学等理论，提出以推动城市色彩基因再生为目标的"城市色脉"理念，并阐述其内涵外延、形成因素以及特性，将已有的城市色彩研究成果统筹到"色彩时空框架"内，整合城市时态、城市空间形态、城市文脉形态与城市色彩形态，构成城市色脉网络，并借助"城市色脉切片"模型，剖析探究城市色脉演变的内在规律与机制，提出切实可行的城市色彩可持续研究策略，有利于深入挖掘城市色彩文化内涵，完善城市色彩体系，引导城市色彩研究从具象化走向抽象化，平面化走向立体化，碎片化走向全面化，使城市色彩发展更具整体性、有机性、时代性、前瞻性，从而健康平衡发展。

全书共分为四个部分，第一部分为发现问题，首先通过分析城市色彩研究现状，结合国内外城市色彩演进动态，论述国内城市色彩已进入发展瓶颈期，并以城市文脉延续为突破点，从城市文脉与城市色彩的契合点切入，以城市色彩可持续为落脚点，为下一步理论建构提供研究基础。第二部分为剖析问题，通过引介新文脉主义理论，与城市色彩理论系统结合，构建城市色脉理论体系，并深入探究其影响因素、特征属性、功能作用、核心价值等。第三部分为解决问题，运用生物学中的切片概念建立城市色脉切片模型，从而研究城市色脉内在演变动力机制，从宏观、中观、微观三个层面提出切实可行的城市色彩有机发展策略以及城市色脉评价体系，提高城市色脉理论的可操作性。第四部分为实例研究，运用城市色脉理论阐述天津市城市色彩演变过程，将理论结合实际，建立天津城市色彩基因库，并进行色彩筛选，针对天津城市特色提出错位发展、城市色彩阈限、城市色彩过滤等策略。

目　　录

第1章 绪论

1.1 研究起源与意义

1.1.1 研究起源

城市色彩既是文化系统的子系统，也是建构城市文化的重要载体，更是延续传统历史文脉的必要因素之一。在当前营造城市特色风貌的需求下，以城市色彩为切入点，通过修复紊乱、无序的城市色彩风貌，提升整体城市色彩的文化内涵，从而延续城市地域文化、历史文化、社会生活文化等，提高人居环境品质，树立城市品牌形象。

为塑造统一和谐、丰富有序的城市建筑色彩景观，传承历史地域特色，优化城市整体风貌品质，提升城市综合竞争力，天津市规划局于2010年委托天津大学建筑学院开展"天津城市建筑色彩研究与运用"课题研究，并根据《天津市城市总体规划（2005—2020年）》《天津市市容和环境卫生管理条例》，结合天津市实际情况，通过分区调研、取样、数据分析，为天津市建筑色彩基本色调定位，最终形成天津市中心城区建筑色彩推荐色谱、参考色谱，建筑色彩图文索引数据库、建筑色彩规划控制技术导则、配色方案，管控建议等研究成果。

首先，上述研究中包含了对天津城市色彩的文脉性、传统历史延续对城市色彩演变与形成的影响等内容。其次，色彩与文化是传统文化发展的最直观与最根本的体现，二者始终紧密联系，但由于色彩与文化的模糊性、不确定性使得在研究中难以形成全面、系统的理论体系与明确的方法策略，本书正是在这一需求下，借助以上课题研究基础，采用新文脉主义等最新研究理论，针对目前城市色彩发展瓶颈期的问题，从文脉延续的视角，提出有机、全面、整体、发展的城市色脉概念，通过建立"城市色脉切片"理论模型，深入阐释城市色彩演变发展的内在动力机制与演变规律，以求完善城市色彩相关理论，为构建具有文化性、预测性、整体性、时空性的城市色脉网络提供科学严谨的依据，并建立城市色彩阈限模型，提出城市色彩过滤机制等策略，推动城市色彩健康、平衡发展。

1.1.2 研究意义

1. 理论意义

我国的城市色彩研究起步较晚，主要以城市旧改为背景产生了城市色

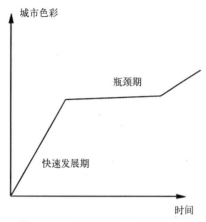

图 1-1 城市色彩发展趋势示意图
（图片来源：作者自绘）

彩规划、城市色彩景观规划等理论。虽然近年来学术界对城市色彩的研究已涉及各个领域，城市色彩理论研究也取得了较大进步，但对于复杂、多样的城市色彩系统来说，仍存在局限性问题。

目前，城市色彩发展处于急功近利的阶段，具体表现为：被动应对不断产生的城市色彩问题，急于追求解决问题的方法，忽视城市色彩内在演变规律的掌握，因此，对于城市色彩的研究多集中在城市色彩规划方法层面。随着人们不断地进行城市色彩理论实践，城市色彩问题逐步得到缓解，而城市色彩发展中由于长期存在研究视角与研究方法的局限性，使其理论研究进入了瓶颈期（图 1-1），即依赖文字、图片等描述某个阶段的城市色彩现象，忽视城市色彩内在演变规律的本质，导致城市色彩研究趋向于片面化、静态化、平面化。

城市文脉是一个动态发展的系统，而城市色彩也是文脉的重要组成部分，二者紧密联系，互为依存。在城市色彩研究中，虽然人们已经开始关注色彩与文脉之间的联系，但仍没有将二者之间的关联性进行深入系统地研究。以此为切入点，本书从城市文脉延续的视角对城市色彩演变内在动力机制进行诠释，力图引导城市色彩研究从现象走向本质，从复杂走向简化，从局部走向整体，从静态走向动态，从数据化走向模型化，为构建完善的城市色彩理论体系提供科学严谨的依据。本书以天津中心城区为例，通过研究随着西方外来文化基因的介入，城市色彩基因演变的竞争协同，振荡循环运动，从而探寻天津中心城区城市色彩内在演变机制。

2. 实践意义

首先，城市色彩本身就是历史留给我们的特殊的，具有共时性、有机性的活态遗产，它与当代城市空间共存并发展构成了城市文脉；其次，城市色彩的显性视觉形象与隐性精神内涵共同延续、传承了城市文脉，因此，城市色彩的管控与发展是城市更新中能否真正延续城市文脉的核心问题之一。城市色彩的可持续研究不仅对于目前城市文脉传承、城市更新、城市特色风貌塑造等城市建设具有重要的意义，也将为未来城市色彩系统研究奠定基础，为新建建筑环境色彩提供依据，从而科学预测、把握未来城市色彩发展趋势。

长期以来，由于人们对城市色彩的认知、重视程度不足，思想观念滞后，缺乏城市色彩法律法规管理以及城市色彩管控工具，我国城市色彩始终处于混乱无序的状态。城市色彩的目的是用特殊的色彩语汇来阐释城市环境的理想追求，以色彩景观营造宜人宜居的生活空间，而城市色彩规划在传承与弘扬地域文化、构建和谐统一多样的城市特色风貌，树立文明的城市形象等方面具有重要的现实意义。

在城市色彩实践方面，我们不仅应当提高对城市色彩全面可持续的认识，更应当从感性的文字、图片描述、虚化的导则制定过渡到更加理性、系统的宏观发展趋势的研究层面。当前，我国正处于城市迅速扩张发展时期，将城市色彩与城市文脉理论科学地结合并运用到当代城市色彩的实践中，有利于把控城市色彩发展规律，从而使城市色彩健康、平衡发展，这对于弘扬特色历史文化，塑造城市性格，提高人居生活质量，提升城市品牌形象，具有重要意义。

1.2 城市色彩研究综述

1.2.1 城市色彩研究的发展轨迹

色彩学最初是与光学一起发展起来的，随后设计师逐渐注重"以人为本"的设计思想，更加关注人的存在与需求，而新技术、新材料的出现促使"色彩应用研究"的内容与范畴愈加广泛。

1. "以人为本"的思想引入城市建筑色彩研究

20世纪60年代，人们将色彩与人体工程学结合共同研究，更加注重环境色彩对于人的生理、心理所产生的影响，并极力规避色彩使用不当对使用者造成的生理以及心理危害。

2. 注重保护传统地域文化的思想引入城市建筑色彩研究

法国现代著名色彩学家、色彩设计大师让·菲利普·朗克洛（Jean-Philippe Lenclos）从色彩的角度提出了保护色彩自然环境与人文环境的问题以及保护地域文化特色的问题，形成了色彩地理学的概念，为今天的城市色彩规划研究奠定了坚实的基础。更为重要的是色彩地理学为城市色彩发展提供了基本方法论，直到今天，各大城市不断推进的城市色彩规划，首先运用色彩地理学对城市色彩现状进行分析，并以此为研究基础，发现问题，解决问题，从而提出切实可行的城市色彩管控策略。在全球化背景下，城市色彩逐步走向趋同化，并失去自身的地域特色，具有一定普适性的色彩地理学方法论，以实现地域化与全球化、现代与传统融合为目标，通过不断地传播与实践，保护传承了城市地域特色风貌。

3. 基于景观设计视角的城市色彩研究

英国格林尼治大学（University of Greenwich）"景观建筑学教授米切

尔·兰卡斯特（Michael Lancaster）（1996 年）提出色彩景观论，主要是将色彩研究定位在景观层面，强调表现色彩彼此之间以及色彩与环境之间的关系，提出在文脉下展现城市色彩特征"[1]，并将色彩融入城市景观要素中，以景观环境中的色彩要素作为主要规划设计对象，赋予其地域符号，建立色彩控制策略与方法论，从而营造具有特色的城市景观风貌。

4. 基于建筑设计的城市色彩研究

以现代极简主义为主流思潮的美国，城市色彩的基调以黑、白、灰为主，辅以三原色红色、黄色、蓝色，完美地体现了现代理性主义色调，20 世纪 90 年代初期，"基于建筑设计的城市色彩研究以美国建筑学教授 Haroldting 为主，并著有《色彩研究》（*Color Consulting*）的论著"[2]，专门探讨研究了建筑色彩的问题等。

1.2.2 国外城市色彩研究现状

1. 国外城市色彩研究文献概述

1）国外城市色彩名著

国外有关城市色彩的著名著作有：

《色彩学基础与实践》，（日）渡边安人著，胡连荣译。

《居住空间色彩住宅色调与空间设计》，（美）布伦达·格兰特 - 海斯、金伯利·米库拉编著，杨旭华、汤宏铭、周智勇译；

《色彩形象坐标》，（日）小林重顺著，南开大学色彩与公共艺术研究中心译；

《城市色彩———一个国际化视角》，（美）洛伊丝·斯文诺芙著，屠苏南、黄勇忠译；

《环境色彩规划》，（日）吉田慎悟著，胡连荣、申畅、郭勇译。

2）国外城市色彩研究理论成果

在国际上，一些国家基于不同的城市色彩现状问题与城市发展需求的差异性，形成了各具特色的城市色彩规划理论成果，故而从不同的学科领域、不同的研究视角综合探讨了城市色彩的内涵与发展(图 1-2)。通过总结、归纳国外城市色彩研究成果，本研究认为法国与日本的理论与实践研究较为突出，对现代城市色彩发展具有重要的意义。

法国朗克洛对城市建筑色彩研究的最大贡献在于色彩地理学，这一理论在城市规划领域的旧城改造保护中得到推广。朗克洛从色彩的角度提出了保护地域文化策略，以及积极展开对传统建筑色彩的保护修复工作。

1　崔唯. 城市环境色彩规划与设计 [M]. 北京：中国建筑工业出版社，2006：18.

2　李翊. 硕士学位论文：滨水建筑群色彩设计方法研究 [D]. 湖北：华中科技大学，2013.

1978 年，朗克洛建立了"3D 色彩工作室"，对许多城市的住宅区和工业环境进行了城市色彩环境的设计与研究。他对地方色彩的调查内容主要包括：对色彩景观资源的清理掌握，对色彩景观特质的分析，对色彩信息以及周围环境色彩数据的采集，对色彩实物的收集等，方法包括选址、调查、取证、测色记录等，"通过对本土地域性土壤以及建造材料的取样采集分析，研究具有本土地域性特征的建筑色彩，在此基础上，分析整合色彩信息数据，完成色彩还原，复制颜色模型等，最后通过色谱的方式表现出调查对象的色彩效果以及周围环境的色彩效果和各色彩之间的数量关系，方法大致总结为：归纳、编谱和总结等"[1,2]。

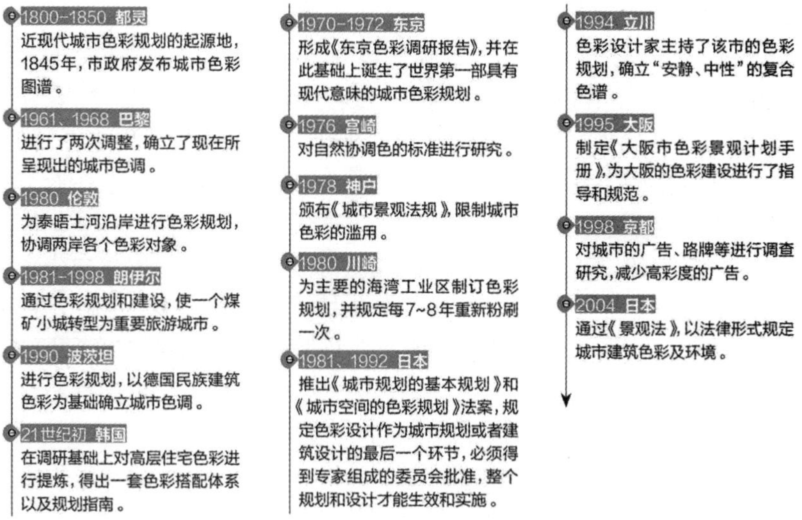

图 1-2 国外主要城市色彩发展脉络
(图片来源：中国国家地理网)

20 世纪 70 年代，日本兴起了城市色彩理论的研究，首先，以朗克洛的色彩地理学为理论基础，融入更多的高科技调研设备与技术手段，使城市色彩研究方法更具有理性、科学性与精准度，通过不断的研究探索，构建了不同于欧美，并且符合自身特色与需求的城市色彩规划体系，其色彩研究偏向于城市色彩管理与法律法规意识，"日本色彩规划中心是亚洲地区主要针对城市环境色彩的研究机构"[3]，该机构立足于法国城市色彩领导先驱——朗克洛的色彩地理学研究方法体系，"在实地色彩样本采集中使

1　让·菲利普·朗克洛 (Jean Philippe Lenclos). 色彩地理学 [M]. 株式会社三荣书房，1989：5.

2　宋建明. 色彩设计在法国 [M]. 上海：上海人民美术出版社，1999：46-70.

3　刘健鑫. 城市景观色彩规划研究 [D]. 山西：太原理工大学硕士学位论文，2010.

用电子彩色分光测量仪器，为日本地区未来建筑色彩的规划和设计提供更加精准的色彩现状数据信息库"[1]，避免人为主观意向对色彩调研产生误差影响，也使设计成果能够更准确地表现。

2. 国外城市色彩的研究实践成果

在国外城市色彩规划实践的研究中，城市色彩规划与城市建设基本同步。19世纪初意大利都灵就进行了较完善的城市色彩规划，通过对该市自17世纪以来的色彩演变发展历史的研究，将"都灵黄"的浅黄色定位为城市主色调的色彩规划方案，在都灵的色彩规划设计中，非常注重城市公共空间的细节设计，如一些主要街道广场色彩设计精致细微，并注重城市整体风貌的统一，如城市建筑色彩与外延空间——街道、广场的色彩风格的和谐一致，1845年，相关部门公布展示了经历近半个世纪理论实践而成的研究成果：对城市建筑中使用、选择较多的20种颜色进行样本抽取，制成城市色谱并编号，然后将色彩小样涂在市政大楼院子里的一面"样本墙"上，成为公示的城市色谱，都灵市政府文件直接采用相应的号码来标示颜色，为城市的规划部门、管理者、设计师、大众市民提供使用、选择恰当的建筑色彩标准，这项城市色彩计划被列入了正式的政府文件。另外，都灵的城市色彩规划形成了世界上最早的建筑色彩推荐色谱，并率先向公众展示推荐色谱，预示着城市色彩规划向公众参与迈出了第一步，因此，都灵的城市色彩规划实践具有一定的超前意义与借鉴意义。虽然"最初的城市色彩规划多以个人主观意向为主，调查研究欠缺科学精准，但是却为日后城市色彩调查、大众心理评价研究做出了巨大的贡献"[2]。

朗克洛的色彩地理学思想逐渐延伸辐射至亚洲地区，取得了丰富的研究成果，例如日本在色彩地理学的基础上，积累了较为丰富的实践经验，提升了城市色彩研究技术水平，发展了色彩定量分析方法，并在城市色彩规划管理以及制定相关法规方面做出了巨大的贡献。20世纪70年代初，第一部具有现代意义的城市色彩景观规划——《东京城市色彩规划》在东京市政府与日本色彩研究中心的合作下诞生。它主要通过对东京城市色彩进行整体全面的调研，在《东京色彩调研报告》的基础上，邀请色彩地理学创立者朗克洛对东京城市色彩进行规划设计，由此，迈出了色彩地理学"日本化"的第一步。其次，日本从历史文脉的角度对城市色彩进行了严格细致的划分与规定，20世纪70年代，为了保护京都历史风貌，经过对当地城市建筑色彩的调研考察，将本土历史古建筑色定位为基底色，现代城市建筑色彩将以此作为参考，进行限制性发展。对于保护历史文脉色

1　崔唯. 城市环境色彩规划与设计 [M]. 北京：中国建筑工业出版社，2006：117.
2　郭红雨，蔡云楠. 城市色彩的规划策略与途径 [M]. 北京：中国建筑工业出版社，2010.

彩，使其走向稳定秩序发展，日本制定了一系列相关法规法案，1976年日本宫崎县针对如何构建与自然和谐统一发展的色彩标准进行了研讨。1978年神户市针对城市色彩的运用问题颁布了《城市景观法规》。20世纪80年代，川崎市政府制定了更为细致、明确的法规，即海湾工业地区的《海湾地区色彩设计法规》，该法规中详细说明该区域的建筑粉刷更新周期为7～8年。1994年，立川市法瑞特区的城市色彩规划，作为日本地区首个具有城市色调倾向的城市色彩复合色谱被提出，并作为实施指导方案，"1995年，由大阪市役所计画局与日本色彩技术研究所共同合作制定出《大阪市色彩景观计划手册》，该手册为大阪市城市色彩建设提出引导性的条例和建议，对于规范与控制建筑色彩设计具有积极意义"[1]。日本的城市色彩能走向规范化、法制化，与日本政府对于城市历史风貌、城市色彩发展所给予的极大重视与扶持是息息相关、密不可分的，而单方面依靠城市规划部门的设计与管理是难以实施城市色彩相关规范的。

　　20世纪80年代，海滨小镇伊尔弗勒科姆、东英吉利首府诺里奇、泰晤士河畔等色彩研究与设计实践是英国环境色彩设计师、格林尼治大学景观建筑学教授米切尔·兰卡斯特色彩景观理论的重要研究成果，主要体现文脉背景下的城市色彩特征。其成果较为突出的是泰晤士河沿岸色彩规划：由于长期以来该区域色彩缺乏整体性，形成较为混乱的色彩格局，兰卡斯特强调河流的整体性，通过规划将整个流域的色彩与景观有机衔接起来，使泰晤士河沿岸色彩呈现既有特色又整体协调的色彩环境。

　　21世纪初韩国也认识到城市色彩的重要性，开展了一系列的城市色彩规划实践，如编制高层公寓色彩规划实用指南，引导控制高层住宅的外观用色进行现状调研和推荐色彩提炼，并采用计算机模拟技术现场评估和分析色彩，最终形成城市色彩规划方案和配色比例[2]，以及公共系统中城市色彩的评价。

1.2.3　国内城市色彩研究现状

1. 古代传统色彩研究

1）传统古籍中的色彩描述

　　我国传统古籍中对色彩描述丰富多彩，主要包括《周礼·考工记》《诗经》等。最早描述传统"五色"的古籍《尚书·益稷》云："以五采彰施于五色。"衍生出青色、黄色、赤色、白色、黑色为传统五色。诞生于春秋战国时期的《周礼·考工记》详细记录了我国古代科学技术工艺的演进，呈现了东方辉煌

1　郭红雨，蔡云楠. 城市色彩的规划策略与途径 [M]. 北京：中国建筑工业出版社，2010.

2　郭红雨，蔡云楠. 城市色彩的规划策略与途径 [M]. 北京：中国建筑工业出版社，2010.

的科技发展文明史，也是最早对古代传统色彩学进行详细研究的文献史料，其运用精炼的语言初步描述了传统五色学说的起源与背景，提出传统正色、间色概念，并在画缋条中对施色技艺、规范进行了总结，描述了五色与天地、阴阳、五行、人文等时空整体联系：

"画缋之事：杂五色。东方谓之青，西方谓之白，北方谓之黑，天谓之玄，地谓之黄。青与白相次也，赤与黑相次也，玄与黄相次也。青与赤谓之文，赤与白谓之章，白与黑谓之黼，黑与青谓之黻，五采备谓之绣。土以黄，其象方，天时变，火以圜，山以章，水以龙，鸟，兽，蛇。杂四时五色之位以章之，谓之巧。凡画缋之事后素功。"[1]

传统五色学说以同源同宗的传统方位、阴阳五行文化为基础，将色彩作为一种象征符号，寓意着传统社会的农业、天文、宗教信仰等活动，在礼仪制度的影响下，早于西方1500多年，建立了以青、赤、白、黑、黄五色为正色，其他色彩为间色的色彩认知，并最终形成与现代红、绿、蓝三原色，间色、复色理论不谋而合的传统正色论，再次印证了传统五色学说的科学价值。

我国古代文学作品中描绘了丰富多彩的色彩，并以此表达隐喻的文化内涵，《诗经》中首先描述了色彩来源于自然界，其次描写了色彩的文化寓意、色彩象征与当时的审美观念，并且分析了五色体系相对应的传统文化象征寓意，这种象征意义一直延伸至今，例如对于红色的崇拜从自然火、鲜血的物象转化为代表吉兆、生命、获胜、激情的符号；黄色表达了对封建皇权、长寿的暗示；白色代表了纯洁与忠贞的美德；黑色代表了尊崇的含义，源于古代尚黑的审美观念；青色代表着活力与生机勃勃，并寓意了人类含蓄的情愫。此外《诗经》中的色彩描写也反映了在"和"的审美观念影响下形成的用色搭配协调的统一原则，以及等级制度、礼仪、伦理、纲常对色彩的影响。《诗经》对于传统色彩的意义是首次将传统色彩语言化，形成独具特色的传统色彩文化。

2）古代传统色彩理论成果

（1）东方传统五行色彩学

上千年的中国传统文化不断融合与发展，以周代形成的五行说为基础，传承儒、释、道传统哲学思想，并在宗教、制度、宇宙、中医、艺术等不同社会因素的综合作用下，在汉代正式建立了传统五行色彩学，其研究成果包括以五行相生相克为结构的五组五行环图式，逐步渗透至各个领域中，发展到唐宋时期，最终形成了华夏民族根深蒂固的传统五色审美观，至今，虽然已经不再是主流色彩文化，但是作为一种集体无意识存在于当代社会

1　陈戍国.周礼[M].长沙：岳麓书社，1989：124.

中，仍具有顽强的生命力。

　　五行学说是五行色彩学理论的核心基础，周跃西在华夏民族五行理论体系论述中，以宇宙、人时空秩序为框架，结合五行生克原理等对传统五行色彩学理论进行了文献梳理与再次的论证，依据五行色彩理论中的平面性色环结合五行生克、五数规律等推演出五行色彩色立体球（图1-3），并将"天、地、人"理念赋予色立体球，包含着全部中国传统文化理念的精

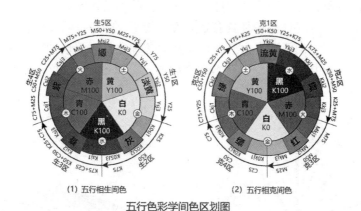

(1) 五行相生间色　　　　　　　(2) 五行相克间色

五行色彩学间色区划图

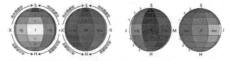

(1) 水区（北级）俯视图 (2) 火区（南级）俯视图

(3) 金区正视图 (4) 木区正视图　(5) 正阳虚空视图(6) 正阴虚空视图

五行色彩学色立体全视图

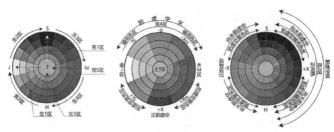

(1) 色立体球正剖切图　　(2) 色立体球横（沿赤道）剖切图　　(3) 色立体球正虚空剖切图

五行色彩学色立体剖切图

图 1-3　传统五行色彩学中的色立体示意图（彩图见书后）

（图片来源：试论汉代形成的中国五行色彩学体系）

髓[1]，形成兼具宇宙观、社会价值观的五行色彩学体系，从而使传统五行色彩学从平面化走向立体化。因此，五行色彩学是先于西方色彩科学的古代传统智慧，具有深刻、广阔的传统哲学内涵与传统伦理，是集宇宙、人、社会、道德、制度、文化、艺术等为一体的全面、完善的色彩科学体系，我们应当努力传承发扬其核心精神。

（2）西方三原色原理

在西方现代色彩理论中，红色、绿色、蓝色被认为是颜料色彩的三原色（图1-4）。这三种颜色都具有独立性，是不可能通过其他色彩的混合而得到的，尽管它们可以自由混合成为其他各种色彩。而这种特性将它们定性为颜料色彩中的原色[2]，其他颜色能够通过三原色不同比例的混合形成间色，进而产生复色等。

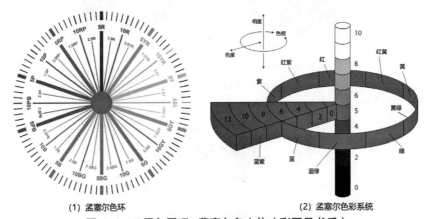

(1) 孟塞尔色环　　　　　　　　　(2) 孟塞尔色彩系统

图1-4　三原色原理：蒙赛尔色立体（彩图见书后）

（图片来源：http://www.ximancolorcity.com/）

综上所述，我国的传统五行色彩学与西方现代色彩学在表达形式上略有不同，但是在认知的根源、基本原理方面是相同的。传统五行色彩学较之西方的色彩科学研究范畴更为广泛。

（3）东西方色彩理论对比

通过对文献资料的对比整合，作者发现东西方色彩原理之间存在差异，并整理了城市色彩发展生长期的特征（表1-1）。东西方色彩理论差异在于西方对色彩的研究重"理"，偏向于理性科学的，注重色彩物理形态；而东方文化与哲学决定了对色彩的研究重"道"，东方的"道"偏向于色彩观

1　周跃西.中国传统五行色彩学的"色立体"[J].美术观察，2006.

2　[美]保罗·芝兰斯基，玛丽·帕特·费希尔.色彩概论[M].文沛，译.上海：上海人民美术出版社，2004：17.

念与意识形态的研究，因此东方传统色彩的研究核心要基于自身文化特色，注重其色彩本质规律与哲学思想的意义，以及对社会、人生的辐射。不同于西方色彩中的"正色"、"间色"概念，东方传统色彩中的正色、间色是色彩的等级尊卑划分，因此有上衣用正色，下裳用间色，以示上下尊卑，故人公门，登朗上殿，当以正色为服色，这种用色规定同等级森严的封建制度、儒家思想保持高度一致。中国传统思想虽然没有色彩专论，但是色彩辐射概念涉及各行各业，体现了传统朴素哲学理念，注重大象无形。因此东方文化对于色彩的研究是很好地掌握了色彩的模糊性，但对于色彩的研究没有一部专门的著作，而是散落在诸多理论书籍中，色彩的概念辐射至伦理各个领域，文学、装饰、服饰、医术等。

东西方色彩理论对比（资料来源：作者自绘）　　　　表1-1

	东方传统色彩理论	西方色彩理论
起源时间	7~10世纪	16世纪
研究重点	色彩研究重"道"	色彩研究重"理"
表现形态	文化形态	物理形态
核心理念	大象无形	注重视觉精准度
理论基础	阴阳五行朴素唯物主义	光学物理
研究范畴	宇宙、空间、时间、人伦、礼仪制度	光学、自然科学
实用范畴	社会、政治、文化、艺术	绘画艺术、文化
理论体系	五行色彩学	三原色理论
理论发展	隐藏为集体无意识形态	形成系统科学

3）古代传统色彩的研究实践成果

传统色彩广泛运用于我国古代建筑、园林、彩画等实践中，各个朝代中的社会、文化、工艺技术因素的不断变化，使传统色彩在不同历史阶段呈现出不同色彩特征。

春秋时期，建筑彩绘艺术开始运用于建筑中，逐步丰富了建筑物的点缀色；战国时期，新的建筑材质——朱色的筒瓦、板瓦出现在宫殿建筑中，影响了当时建筑物屋顶色的变化；秦统一六国之后，崇尚黑色，但宫殿建筑色彩用色较为华丽浓重，体现了等级化的用色标准。两汉以后，黄色被列为正色，虽然色彩观念发生变动，但整体仍以红色为主色调，此时的红色作为传统色彩符号已深入人心，建筑色彩通过增加了黄色、金色、蓝色调等辅助色，以增强色彩层次感。整体上来说，彩画、服饰、建筑等各个领域的色彩均以厚重大气的红色与黑色为主，色彩的等级划分与象征意识在秦汉已有所体现并逐步发展。

伴随着民族融合、人口迁移、文化多元化发展，魏晋南北朝时期的色彩系统产生振荡并最终走向融合的稳定发展。东汉时期，佛教传入我国，不同民族、宗教的异域风情色彩基因介入正处于生长期的本土色彩组织中，通过不断的进化演变，佛教带来的金色与传统的红色，二者杂糅共存，延续至今，这是历史上乃至今天，外来色彩基因与本土色彩基因最为成功的融合。

隋唐大一统之后，生产力水平不断提高，社会快速发展，随着外交往来频繁，文化进一步走向多元化，达到比秦汉文化更高的水平，因此产生了巨大的色彩变革，首先五行色彩学被广泛实践、走向成熟；其次色彩观念得到解放，色彩真正成为传统艺术的重要组成部分——从神秘玄学转为科学技艺。盛唐时期的建筑色彩发展已达到顶峰，绿色、青色、黄色等色泽艳丽的琉璃瓦材质的使用，使宫殿等佛教建筑熠熠生辉、富丽堂皇。另一方面，代表至高无上皇权的黄色此时已巩固了其在传统色彩中作为正色的地位，传承至今，成为代表华夏民族的色彩符号。

宋王朝在经历了动荡分裂之后再次形成历史上的大一统格局，虽然实力不及盛唐，但是社会、经济、文化也得到了进一步的发展。此时的传统色彩特征也发生了转变，宋代的色彩审美由华丽厚重走向清丽淡雅，审美视角由宫殿、佛教、上层阶级社会转向普通日常生活，建筑色彩的侧重点由檐柱、枋楣、栱转向细部装饰，建筑色彩逐步形成体系。

明清时期是中国传统建筑色彩发展的最后一个巅峰，也是传统建筑环境色彩与现代建筑色彩的分界线，明朝的建筑环境色彩映射了森严的等级制度，宫殿与民居色彩基调差异较大，红墙、金色屋顶厚重华丽，金碧辉煌的宫殿建筑与白墙黑瓦的秀美质朴形成鲜明对比。

清代建筑色彩的发展是在传承明朝建筑色彩的基础上，融入民族特色，吸收西方建造技术，走向五彩缤纷的色彩发展阶段。在宫殿建筑中，继续延续红墙主体色、黄瓦的屋顶色，并增加青色、绿色冷色调点缀的彩画，随着西学东渐思潮的兴起，西洋颜料传入中国，促使建筑彩画色彩更加丰富、瑰丽，形成统一多变的建筑色彩风格，以始建于清代的河北承德避暑山庄的建筑色彩为例（图1-5），其屋顶色主要以金黄色、青绿色为主基调，与红色的柱、壁等构件相互映衬，使金碧辉煌的人工建筑色彩与自然环境和谐统一。

经历不同朝代的变迁、演替，红色、黄色色彩基调逐步强化，成为中华民族的色彩符号，随着历史的积淀，成为世世代代人们的社会集体无意识，打上了传统文化的烙印。

图 1-5 承德避暑山庄建筑色彩（彩图见书后）

(图片来源：作者自摄)

我国的造园历史悠久，经验丰富，形成了各具特色的北方皇家园林、南方私家园林、岭南园林等。在园林设计方法上考虑了园林环境色彩、建筑色彩等因素，注重本土自然环境色彩与建筑物色彩的整体协调是传统园林色彩的共性，并擅长运用传统美学中的对比统一手法平衡植物色彩搭配，以及环境色彩与建筑物色彩的图底关系。

2. 现代城市色彩研究

1) 现代城市色彩文献概述

现代城市色彩研究起源于 20 世纪 70 年代的欧洲，逐步扩展到全球其他城市，尤其以传统文化积淀深厚、城市问题复杂的亚洲地区为主。随着城市快速发展，传统文化与现代文化不断碰撞，城市空间发生巨大的变化，以城市旧改为切入点，人们开始关注城市色彩问题，由于国际上并未对城市色彩进行广泛研究，而我国城市色彩的研究刚刚起步，面临复杂多变的城市色彩问题，国内学者基本以朗克洛的"色彩地理学"为主导延伸划分为三类，一类是批判城市色彩问题，阐述城市色彩对于保护传统文化发展、保持城市特色风貌的重要性；第二类是相关城市色彩理论的详细论述，例如崔唯的城市环境色彩规划与设计理论；第三类是宋建明与日本的吉田慎悟在朗克洛色彩地理学方法论基础上，结合实际项目具体问题具体分析，提出具有中国特色的城市色彩理论，具有较强的可操作性与针对性。

现代城市色彩著作有：

《建筑与色彩》，王常伟、石铁矛著；

《城市色彩景观规划设计》，尹思谨著；

《城市环境色彩规划与设计》，崔唯著；

《城市色彩环境规划设计》，郭泳言著；

《城市色彩的规划策略与途径》，郭红雨、蔡云楠著；

《从色彩到空间——街道色彩规划》，苟爱萍著；

《色彩再生论——全方位色彩运用与创新设计理念》，黄木村著；

《环境色彩设计技法 The Technique of Environment Color Design 街区色彩营造》西蔓·CLIMAT 环境色彩设计中心监修吉田慎悟著；

《城市色彩特色的实现——中国城市色彩规划方法体系研究》，黄斌斌著；

《城市色彩规划原理》，吴松涛、常兵编著。

2）现代城市色彩研究理论成果

（1）基于视觉艺术视角的城市色彩研究

色彩是一种视觉感官体验，是视觉艺术中的重要审美信息。随着社会不断发展，人类对于生存环境品质的需求逐步提升，而城市色彩是城市风貌最直观、生动、鲜明的视觉形象，因此，城市整体形象需要以城市色彩为建构基础，在城市色彩的视觉研究中，主要以色彩心理学、色彩美学、色彩图底关系理论为主。

和谐的城市色彩在于色彩的视觉美感，因此在城市色彩中应当注重色彩审美、色彩运用、色彩搭配等。在当前全球化、多元化发展趋势下，首先应当树立正确的色彩审美观念意识，建立以传统色彩审美为主，融合其他有利于城市色彩有机发展的多元化色彩审美观念，全面、整体地引导城市色彩视觉形象健康发展。其次，城市色彩的运用与搭配，往往映射着人类的情感诉求与色彩心理倾向，并直接影响大众的色彩视觉认知与心理感应，城市色彩的搭配包括宏观、中观、微观三个层面，宏观层面是指城市整体色彩格局、色彩意向与色彩轴线的总体定位，中观层面是指城市街区、重点区域之间的色彩关系与配色方案，注重色相、纯度、明度在空间上的过渡，从而构建和谐统一的色彩关系，微观层面是指单体建筑物竖向色彩的搭配，按照高层、多层、低层建筑物分类并进行色彩搭配，协调主色调、辅助色、点缀色面积比例，优化提升建筑色彩组合。

在城市色彩发展中，需要满足人类的不同阶段、不同层次的需求，包括生存需求、心理需求、视觉审美需要、精神需求等，因此，提出了以格式塔心理学为基础的，研究人对城市色彩认知规律的图底关系理论，对城市色彩的面积、明暗、冷暖、前后关系进行分类阐述，区分背景与图形的关系。色彩图底关系不是简单的视觉元素叠加、对比，而是综合色彩的多种载体包括功能、材质、肌理、尺度的视觉概括与提炼，并将这种图形关系运用于宏观、中观、微观层面加以特殊考虑。例如，为满足城市色彩环境规划的整体性、延续性与视觉和谐性，天津海河两岸旅游观光带区域遵循"构建层次分明的城市纵向景深秩序视距导入"的原则，在纵向建筑色彩上采用相应区域功能推荐使用色谱实行规划管控，远景以灰色系现代城市色彩为背景，突出海河沿岸的前景建筑色彩图形，从而彰显鲜明的历史地域特色，形成由近景到远景、前低后高、丰富的城市色彩景深层次，充分体现了天津地域文化特征与整体环境协调统一的色彩氛围（图1-6）。此外，湖南湘潭市规划局公示的湘潭城市色彩规划方案调研展示中，将城市主色调定位为"黑白灰"，点缀色以象征红色文化与生机活力的韶山红、湘莲绿为主，并依据色彩图底关系制订了建筑色彩搭配方案（图 1-7）。

图 1-6　天津海河景观竖向色彩图底关系（彩图见书后）

（图片来源：天津市规划局）

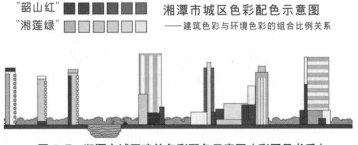

图 1-7　湘潭市城区建筑色彩配色示意图（彩图见书后）

（图片来源：湘潭城市色彩规划方案调研、展示）

其他学者也提出了相关实践研究，王丹[1]立足于视觉景观并结合城市色彩规划方法，以伊春城市中心色彩规划为实例进行了深入研究；魏东[2]从城

1　王丹 . 硕士学位论文：基于视觉景观的城市色彩规划研究——以伊春市中心城区色彩规划为例 [D]. 长沙：中南大学，2011.
2　魏东 . 硕士学位论文：城市色彩视觉识别研究——以郑州城市为例 [D]. 郑州：郑州大学，2010.

市形象识别体系入手建立城市色彩视觉识别理论方法，并以郑州城市为例，通过城市背景色、界面色、标志色、生活色等要素直观形象地表达了城市形象；冯君[1]提出以色彩视觉中的光、色、材料等作为城市色彩研究的切入点，从而避免城市色彩趋同的问题，切实可行地构建和谐的环境色彩。

（2）基于符号学的城市色彩研究

符号学主要研究人类文明形成过程中，符号与人类活动的关系，以及符号的形成、演变规律[2]。将符号学引入城市色彩中，有助于研究城市色彩的社会属性、文化属性。"符号学通常运用结构主义思维方式来分析问题，从符号学视角研究城市色彩，就是通过一种结构主义的语汇来阐释城市色彩与人之间的关系问题，城市色彩作为一种体现城市地域形象的典型符号，是由物质表象层面的色彩本身（符号能指）和精神意向层面的城市形象（符号所指）二者共同构成的，二者互为依存，相辅相成。能指和所指之间的意指作用，是在历史进程的时间纵轴上，在各种综合因素的影响下，形成一种不断积淀并且潜移默化的约定俗成"[3]。也就是说，单纯的没有被赋予内涵的物质层面色彩，由于缺乏意指、象征的功能，而不能对城市形象进行编码、解码与转译，因此对于城市没有任何意义。例如在不同的地域环境中由于自然、社会、心理等因素使白色、红色等色彩符号代表不同的含义，红色调在西藏地区称为"藏红"，具有藏传佛教的含义，而在湖南城市色调中称为"韶山红"，象征着当地的自然特征与红色革命文化，这也就是"城市记忆"对于城市地域形象的重要性所在。

而符号学对于城市色彩的实践意义在于运用色彩符号营造具有场所精神的城市空间，由于中国传统色彩在相当长的一段历史时期处于稳定积淀的状态，随着全球化、多元化的强势袭来，拥有完善、成熟特色的传统世界观下降为隐性的集体无意识，而现代、理性、多元的世界观上升为显性的主流意识形态，传统的色彩语汇也逐步处于弱势地位，随着地域文化的回归，应对传统城市色彩符号的含义进行延续与发展，从而提高城市空间的归属感、认同感、民族凝聚力。

另一方面，城市色彩研究领域的色彩地理学、色彩心理学等理论，是从符号学的"历时性"和"共时性"的角度展开深入研究。"符号学家索绪尔提出的'共时性'与'历时性'分别从静态与动态、横向与纵向的维度去考察社会结构及其形态的视角。共时性侧重以特定社会经济运动的系统及系统中要素之间相互关系为基础来把握社会结构，历时性则侧重以社

1 冯君. 从视觉艺术的角度研究实现环境色彩和谐的有效途径 [D]. 重庆：重庆大学，2008.
2 罗兰·巴特. 符号学美学 [M]. 董学文，王葵，译. 沈阳：辽宁人民出版社，1987.
3 沈祖光，刘文. 符号学视角下城市色彩规划的再思考 [C]// 多元与包容——2012 中国城市规划年会论文集 (04. 城市设计). 昆明：云南科技出版社，2012.

会运动过程及过程中的矛盾发展规律为基础来把握社会形态"[1]；尹国均也在《符号帝国》一书中提到："我们假定中国的大一统政治方针、天地人合一的观念与人文地理、自然时空和历史文化时空观念上的交织，构成了一个互为补充的不变结构，从而时间与空间就统一起来，建筑史就成为特定时空交织点上的图式，从而把社会、自然和人的活动交织在一起"[2]，体现了时空角度的符号观念，即运用统一整体的时空观念去审视建筑史，并精炼强化为"中国传统"符号观念，这一点对于本书具有深刻的借鉴意义，基于新文脉主义提出的城市色脉理论就是以符号学中的共时性与历时性为基础，从时空角度探究城市、人、社会与色彩交织的观念与规律，并通过整合城市色彩横向空间维度与纵向时间维度的研究成果，提炼城市色彩演变特征，从而全面、整体、系统地研究城市色脉。

（3）基于空间视角的城市色彩研究

随着社会不断发展，人们对城市空间的环境质量、城市空间的场所精神、整体城市形象的关注逐步提升，由于城市色彩与城市空间相互依存，紧密联系，而且城市空间元素丰富、系统较为复杂，因此，基于空间视角的城市色彩研究进一步深化，并形成相关理论基础，以及不同空间尺度层面的城市色彩实践研究成果。在理论基础方面，罗萍嘉等"以色彩动力学、视觉动态性理论为基础针对城市空间色彩规划设计中的色彩静态视点问题进行探究，并提出城市空间色彩调和方式的发展模式"[3]。

立足于空间视角的城市色彩，在实践操作层面的研究主要包括两个方面，一是城市空间中的色彩现状问题的调研分析，二是城市色彩规划控制与设计策略等，涉及宏观、中观、微观三个层面，宏观层面针对城市空间总体色调定位、整体色彩关系、色彩格局的调控，通过文献整理，潘光香[4]、井晓鹏[5]、郭东萍[6]分别对历史文化名城、古城区建筑、景观色彩控制策略、设计方法进行研究，邱强[7]、林教龙[8]等均将城市色彩规划系统视为城市规划、城市设计中的重要组成部分，并结合城市实例进行深入研究。由于

1　李亚薇．方塔园——共时性与历时性的交汇 [J]．现代装饰（理论），2011：4-6.

2　尹国均．符号帝国 [M]．重庆：重庆出版社，2008.

3　罗萍嘉，李子哲．基于色彩动态调和的城市空间色彩规划问题研究 [M]．东南大学学报（哲学社会科学版），2012（1）：69-72.

4　潘光香．硕士学位论文：历史文化名城建筑色彩控制研究——以泰安老城区为例 [D]．青岛：青岛理工大学，2014.

5　井晓鹏．硕士学位论文：历史文化名城城市色彩体系控制研究——以西安老城区为例 [D]．西安：长安大学，2007.

6　郭东萍．硕士学位论文：苏州古城区城市景观色彩设计研究 [D]．苏州：苏州大学，2008.

7　邱强．总体城市设计中的色彩规划引导——以重庆城市色彩规划为例 [J]．现代城市研究，2006（1）：58-62.

8　林教龙．城市色彩规划设计初探——以伊春市城市色彩规划为例 [J]．中外建筑，2010（9）：98-100.

社会、人文、自然因素日趋复杂，通过整体主色调、辅助色调难以调控整体城市空间色彩，因此，需要对城市整体空间进行科学分区，依据功能属性的差异性，划分为不同的城市片区进行色彩研究，从而提高城市色彩规划的针对性与可操作性；中观层面的城市色彩包括带状城市空间如街道界面色彩、滨水河道沿岸色彩，具体相关的研究文献包括，马丽丽[1]提出色彩连续性概念，运用"色彩框架"的技术手段，对台州城市廊道色彩进行整体定位、分区控制、重点强化，深入探讨了带状空间色彩规划的方法。张晓蕾（2008）[2]针对深圳宝城区域内的街道色彩混乱无序的问题，提出街道色彩框架、总体规划目标以及色彩导引，以提升街道空间色彩的连续性、系统协调性、主次层次性三种特性。魏彦杰（2014）[3]运用分类法、视觉分析法，选取不同类型的街道建筑界面结合色彩视觉规律，以遵义街道立面改造为实例进行研究。杜佩君（2012）[4]运用定性结合定量的研究方法，将城市色彩现状调研方法与色彩量化方法结合，以京杭运河杭州段城市色彩为例，对带状城市空间色彩规划方法进行深入探讨，建构了城市空间色彩规划方法体系，形成色彩数据库、色彩搭配模式等研究成果，构建整体、连续的运河色彩景观环境，提高了城市色彩的可操作性。邓熙（2012）[5]运用城市空间色彩理论对以山地、滨江等自然环境因素为主导的安康市滨江区域色彩空间进行提升设计研究，包括运用色彩地理学对微观层面上的城市单体建筑物色彩现状、色彩问题的分析与调研，主要以历史建筑物色彩保护为主。在相关文献研究中，焦燕（2001）[6]借鉴国外实践经验，针对建筑色彩污染，阐述了城市色彩规划的重要性。李晓敏（2007）[7]以衢州城市为实例，将建筑色彩的研究融入环境色彩背景中，从整体、分区、公共空间三个层次对建筑色彩进行控制，并对建筑细部点缀色彩进行详细的分类，构建严谨的城市建筑色彩控制体系。公晓莺[8]（2013）以广府地区传统建筑为例，从建筑技术、建筑材料、建筑文脉等几个方面对建筑色彩进行研究，延续历史建筑物的色彩肌理与色彩形象，通过总结、归纳不同历史时期的色彩信息特征、发展趋势，为当代以及未来城市色彩发展提供参考依据。

1　马丽丽 . 硕士学位论文：基于连续性的台州城市廊道色彩景观研究 [D]. 杭州：浙江大学，2006.

2　张晓蕾 . 硕士学位论文：深圳市宝城街道色彩规划研究 [D]. 哈尔滨：哈尔滨工业大学，2008.

3　魏彦杰 . 硕士学位论文：基于空间类型的城市街道建筑界面色彩设计策略研究——以遵义街道立面改造设计为例 [D]. 重庆：重庆大学，2014.

4　杜佩君 . 硕士学位论文：京杭运河杭州段两岸城市色彩规划方法与实践研究 [D]. 杭州：浙江大学，2012.

5　邓熙 . 硕士学位论文：安康市滨江区域空间色彩优化设计策略研究 [D]. 重庆：重庆大学，2012.

6　焦燕 . 城市建筑色彩的表现与规划 [J]. 城市规划，2001（3）：61-64.

7　李晓敏 . 硕士学位论文：城市的建筑色彩控制研究——以衢州为例 [D]. 武汉：华中科技大学，2007.

8　公晓莺 . 博士学位论文：广府地区传统建筑色彩研究 [D]. 广州：华南理工大学，2013.

（4）基于文化视角的城市色彩研究

城市色彩与城市文化始终紧密联系，互相依存。基于文化视角的城市色彩研究，最初源于历史文化名城、历史文化街区的保护与更新，由于具有历史文化底蕴的城市色彩形象在全球化的冲击下，逐步丧失传统文化精神，走向混乱、无序的境地，产生极端化、趋同化等城市色彩问题。随着地域文化主义的觉醒，一部分专家、学者开始对缺乏文化内涵的城市色彩进行批判，并提倡在城市色彩规划中，进一步强化、落实城市文脉的延续与传承。

随着城市色彩的不断发展，城市色彩理念与传统文化的传承与保护密不可分，并且广泛运用于城市规划、建筑设计中，成为学术界、文化界非常重视的一部分。长久以来，由于日趋严重的城市色彩问题，专家学者对于城市色彩的文化传承进行批判，城市色彩也常常与城市文脉延续、地域文化、历史文化保护等结合，相关学者也进行了地域文化、历史文化的城市色彩理论与实践探索。吕英霞（2008）[1]立足于博大精深的中国传统文化（包括民俗文化、礼制文化、象征文化等），探究传统文化与建筑色彩的联系，并阐述了传统建筑色彩的发展过程以及文化特征。孙旭阳（2006）[2]针对城市色彩地域特色缺失的问题，试图以开放的视角将传统地域色彩转化为新地域城市色彩，通过借鉴建筑学相关理论，提出了现代与地域兼容有序发展的新地域主义的城市色彩观，建立了完整、系统的方法体系。牟永涛（2008）[3]将地域文化结合视觉美学，剖析了青岛城市色彩地域性的积淀过程与演变机制，对城市色彩问题提出了继承与保护的解决方案。段炼等（2009）[4]以广安城市色彩为实例，从地域性角度进行了城市色彩规划研究。朱静静（2010）[5]将视觉美学与地域文化结合，以西安市长安区为实例，深入考察地域色彩文化、梳理整体城市色彩脉络，构建具有地域文化特色的城市色彩景观格局。丁昶（2008）[6]立足于高原文化、地域文化、宗教文化、民俗文化，剖析了藏族建筑色彩体系的构成模式，并提出地域文化的传承与延续对于藏族建筑色彩可持续研究的重要性。

综上所述，首先，基于文化视角的城市色彩发展经历了几个过程。从

1 吕英霞.硕士学位论文：中国传统建筑色彩的文化理念与文化表征[D].哈尔滨：哈尔滨工业大学，2008.

2 孙旭阳.硕士学位论文：基于地域性的城市色彩规划研究[D].上海：同济大学，2006.

3 牟永涛.硕士学位论文：青岛市城市色彩景观的地域性研究[D].长春：东北师范大学，2008.

4 段炼，刘杰.体现地域性的城市色彩规划——以广安城市色彩规划为例[J].小城镇建设，2009（2）：39-45.

5 朱静静.硕士学位论文：基于地域特色的西安市长安区城市色彩研究[D].西安：西安建筑科技大学，2010.

6 丁昶.博士学位论文：藏族建筑色彩体系研究[D].西安：西安建筑科技大学，2009.

最初学术界专家的文字性批判，到学者们初步提出文化内涵对于城市色彩规划的重要性与必要性，再到后来将文化因素进行图文表达，并作为城市规划中的分项，至此，城市色彩的文化内涵研究走向了"文本化"。其次，由于色彩观念认知的局限性以及文化与色彩本身的模糊性与不确定性，学界对色彩与文化的本质以及二者之间的联系始终缺乏清晰的解读以及深入、系统、全面、整体的研究，因此，新时期背景下，应当立足于更高的层面，运用科学、动态的方法研究文化与城市色彩之间的联系。

（5）基于操作视角的城市色彩研究

随着城市色彩研究不断深入，城市色彩由感性走向理性，研究方法从定性到定量转变，研究成果由图文描述的二维平面化走向数据库等立体化，城市色彩理论水平逐步提高，城市色彩规划体系日渐完善，为了使城市色彩规划变得切实可行并付诸实践，因此，在城市色彩设计、策略研究、管理建议等实践方面适用性与可操作性亟待增强。

近年来，城市色彩操作层面的研究趋势逐步上升，经过不断的城市色彩实践经验总结，并借助跨学科研究提高了城市色彩研究的质量，使其最终走向多元化发展。操作层面的城市色彩研究成果主要包括城市色彩方法论体系的整合、数字信息化城市色彩、参数化城市色彩、城市色彩评价等，以中国美术学院的宋建明为代表，黄斌斌博士针对目前城市色彩趋同化现象，对城市色彩方法论体系进行规划层面的探索，《城市色彩特色的实现：中国城市色彩规划方法体系研究》一书中对城市色彩宏观研究方法体系进行梳理归纳。王岳颐（2013）[1]通过结合城市空间与色彩理论，提出城市空间色彩规划策略，并搭建了城市空间色彩规划的操作框架。另一部分学者对城市色彩数据库进行了深入研究，李媛（2007）[2]运用 Microsoft Office Access 等计算机软件形成建筑色彩数据库，配色、案例检索程序等成果，运用数字技术实现了城市色彩筛选、配色的自动化，并在城市色彩景观规划中构建了简化的数字模型，对未来城市色彩数字化研究具有重要意义。赵春水等（2009）[3]以天津为例，对城市色彩进行分析、提取以及色彩心理的评价实验，提出了可操作性较强的城市色彩规划方法。安平（2010）[4]通过结合社会统计学与"语义差别分析法"对建筑色彩心理进行评价，并运用计算机技术模拟人工光环境，并进行色光情感评价，剖析人工色光与建筑色彩之间的联系，最终确立建筑色彩主色调、建筑色彩数据库，城市色

1　王岳颐.基于操作视角的城市空间色彩规划研究 [D].浙江：浙江大学博士学位论文，2013.

2　李媛.建筑色彩数据库的应用研究 [D].天津：天津大学建筑学院硕士学位论文，2007.

3　赵春水，吴静子，吴琛，马剑.城市色彩规划方法研究——以天津城市色彩规划为例.城市规划，2009，S1：36-40.

4　安平.城市色彩景观规划研究 [D].天津：天津大学建筑学院博士学位论文，2010.

彩景观规划管理建议等成果。本文的科研基础：天津市规划局与天津大学共同推进的科研项目——《天津中心城区建筑环境色彩导则研究》通过对城市色彩进行量化研究，强化城市色彩的数字信息化，形成城市色彩色谱、城市色彩总谱、城市色彩数据库、城市色彩导则、城市色彩管理建议等研究成果，相较于前一阶段的城市色彩研究更具理性、科学、可行性，是城市色彩在操作层面研究的极大跃升，使城市色彩规划由"文本化"走向切实可行、方便查询的"手册化"，为天津城市建筑色彩规划的体系化、整体化研究提供了更为科学、标准的依据。孙百宁（2010）[1]运用数值化分析测定方法对风景园林色彩规划的可操作性进行研究，试图建立宏观的风景园林色彩档案，对处于发展初期的风景园林色彩研究有所启发。黄博燕等（2011）[2]以山西临汾为实例研究，将色彩数据库的研究范畴从建筑扩展至整体城市色彩，初步提出城市色彩数据库的建立方法。

随着数据化时代的到来，城市色彩在参数化方面的研究成果也与日俱增，江洪浪（2013）[3]基于城市色彩主色调的特征分布，提出了色彩基点的概念，并进行参数化的深入研究，从全新的角度诠释了城市色彩主色调的设计方法。田少煦等（2015）[4]引介跨媒介色彩理论，运用计算机色彩三维模型的横截面和纵截面进行色彩设计，提出以数字色彩系统为基础的城市色彩设计方法，有效地规避城市色彩规划中人为因素的主观判断造成的误差，使城市色彩设计方法更加科学标准，从而有效地传承城市文脉，有利于城市色彩研究的与时俱进。其次是对城市色彩评价的研究，杨艳红（2009）[5]对城市色彩评价内容、评价方法、评价标准进行了整合分析。随着数据信息化时代的到来，对于城市色彩操作层面的研究发展趋势较快，跨学科、多元化的技术路径、研究方法不断融入城市色彩理论与实践中，使其城市色彩研究逐步从主观到客观、平面化到立体化、单线化到多元化，最终走向科学、理性、完善。

（6）对学界研究现状的评述

城市色彩研究涉及各个方面，包括文化学、社会学、地理学、心理学、建筑学，城市规划等领域，研究成果也十分丰硕，包括理论深化、实践方法论研究、城市色彩参数化、数字化技术路径等，以上研究综述表明，

1 孙百宁. 基于风景园林色彩数值化方法的应用研究 [D]. 黑龙江：东北林业大学硕士学位论文, 2010.
2 黄博燕，王峰. 浅析城市色彩规划中色彩数据库的建立方法——以山西临汾为例 [A]. 中国城市规划学会，南京市政府. 转型与重构——2011 中国城市规划年会论文集. 中国城市规划学会、南京市政府.
3 江洪浪. 基于数字技术的城市色彩主色调量化控制方法研究——以安康城市色彩规划设计为例 [D]. 重庆：重庆大学硕士学位论文, 2013.
4 田少煦，单皓，傅向华. 基于数字色彩系统的城市色彩设计. 深圳大学学报（理工版），2015, 01：102-109.
5 杨艳红. 城市色彩规划评价研究 [D]. 天津：天津大学建筑学院硕士学位论文, 2009.

城市色彩研究对于城市色彩问题的解决方法，即城市色彩规划方法体系表现出极大的热情与兴趣，而针对城市色彩自身系统内部演变规律缺乏系统性、整体性的研究。目前，大量的城市色彩规划实践涌现，被动应对不断出现的城市色彩问题，随着城市色彩污染问题逐步得到控制，城市色彩研究逐渐走向空泛化、口号化，趋向于进展缓慢的瓶颈期。因此，挖掘城市色彩内在演变动力机制、主动掌握其宏观发展趋势是当前城市色彩研究的重点。

3）现代城市色彩研究实践成果

随着城市色彩理论水平不断提高，相关城市色彩研究成果也逐步应用于实践中，主要以西蔓环境色彩设计中心机构与各大高校、规划部门为主。西蔓城市色彩规划中心，运用色彩地理学，并通过借鉴日本城市色彩规划成功案例结合中国城市特色对各大城市进行色彩实践。

（1）西蔓城市色彩规划中心实践成果

西蔓城市色彩规划中心对盘锦、大同、福州、无锡、伊春、长沙、廊坊等进行了城市色彩规划。盘锦市城市色彩规划是我国第一个城市色彩规划，形成了推荐色标，初步限定了建筑物基调色、点缀色、屋顶色的用色范围，对建筑物进行分区分项色彩规划设计，为之后的城市色彩规划实践奠定了坚实的基础。

①大同城市色彩规划

城市色彩承载着丰富的历史文化信息，对于表达城市性格、塑造城市形象具有重要意义，因此，历史文化名城纷纷提出城市色彩保护与规划，以传承、延续本土城市色彩基因，适应现代城市建设的需求，例如，举世闻名的历史文化名城——大同，在2007年进行了城市色彩规划，首先调研了城市色彩现状，对古城内的城市色彩混乱无序、趋同缺乏传统特色、古今互不相融等问题进行分析，并编制了大同城市色彩150体系，确立城市主题色，使大同古城建筑物色彩基调色、辅助色、点缀色、城市公共系统色彩标准化，并制定了相关规划文本与报告，以及具有较强可操作性的大同建筑色彩应用指导手册、大同广告色彩应用指导手册等。

②福州城市色彩规划

福州是一座拥有深厚历史文化积淀的历史名城，在现代化城市建设中，传统特色优势逐步弱化，传统城市色彩基因组织受到干扰，城市色彩混乱无序。通过对福州城市色彩调研及数据整理分析，提出城市色彩规划框架，对福州城市色彩进行分区规划定位，历史建筑区域"三坊七巷"延续传承传统用色，市区内建筑色彩保留其与历史建筑色彩的共性色系，在饱和度与明度上进行区分，使福州整体城市色彩统一于暖白、暖灰色调中，与自然环境色彩相互融合。由此可见，对于历史积淀深厚的城市，不仅需要建立色彩秩序，梳理色彩脉络，剔除色彩突兀等噪色污染，还需要将传统色彩优良基因与现代城市色彩基因融合，形成良性循环，从而营造具有本土特色的城市色彩景观风貌。

③徐州城市色彩规划

徐州是一座具有悠久历史的文化名城，其历史文化资源丰富，地理位置独特，自然环境兼具江南淡雅特色与北方鲜明的季相变化，自古具有重要战略地位，也是重要的交通枢纽，工商业发达，因此，在城市色彩规划中，以"色仰古今，景融山水"为设计方向，注重延续历史、文化，并与自然景观融合，提炼城市色彩主色调为黄灰雅调，强化城市地域特色，树立"景融山水，金玉彭城"的城市色彩景观风貌。

④长沙城市色彩规划

通过大量的城市色彩规划实践，西蔓城市色彩规划设计中心积累了丰富的调研方法、规划设计方法。在城市色彩规划发展的中后期阶段，城市色彩规划成果更为丰富，城市色彩规划体系也更为完善。例如，在长沙城市色彩规划中，城市色彩的调研更为细致，不仅包含自然环境色彩、历史文化色彩，还包括民俗色彩以及具有代表性的优良人工环境色彩，运用专业设计方法提取这些城市色彩基因，通过分析归纳，形成以暖色系红橙黄为表征的暖灰色系城市专用色谱。其次，在城市色彩发展定位中注重湖湘文化特色，融入城市形象识别系统（TI）中，以解决城市环境景观视觉识别的问题，最终确立长沙市城市色彩规划总体目标，相较于之前的城市色彩规划，更加理性、科学地提出了城市色彩专用控制色谱等管控工具，以确保城市色彩的可操作性。

⑤无锡（新城区）色彩规划

随着历史古城城市色彩规划体系逐步完善，城市新区的色彩规划也逐步受到关注。以无锡太湖新城区为例，首先通过深入的城市色彩调研，确立"浓淡生韵，粉黛新颜"的城市色彩形象；其次，在传承江南水乡"黑白灰"淡雅色彩底蕴的基础上，满足新城区不同功能属性的建筑色彩需求，增加现代城市色彩基因，将城市色调提炼为具有暖色系色彩特征的"新白、黑、灰"色调。由于新城区城市建设量较大，城市空间肌理相对于复杂的老城、旧城较为清晰单一，对于新城区城市色彩规划的重点在于提供细化、可行性、操作性较强的城市色彩管控体系，便于城市规划管理人员在实际过程中有效执行，使城市色彩规划文本切实可行。因此，西蔓城市色彩规划中心从宏观、中观、微观三个层面对太湖新城的功能区域、主干道、单体建筑物、景观节点等进行了相应的色彩管控。

⑥廊坊城市色彩规划

目前，城市色彩规划已由历史文化名城扩展到重点城市，并蔓延至中小城市，乃至县城。廊坊城市色彩规划主要依托城市规划针对廊坊市中心城区中的自然环境色彩、建筑色彩、公共设施色彩进行调研，提出了新旧相融、天人互映的色彩规划理念，并对城市进行分区色彩控制。

⑦张北城市色彩规划

张北城市色彩规划是首例县城城市色彩规划。张北位于河北省张家口北部，具有草原地域特色与丰富的蒙汉民族文化资源，考虑到城市色彩的季相变化，西蔓团队对张北城市色彩进行多次调研，经过对自然地域、历史文化色彩的科学分析、提炼，结合张北城市总体规划，最终形成不同明度、饱和度的橙色调，彰显了草原城市层次丰富的色彩基调，并与自然生态环境色彩形成鲜明对比，和谐统一。

(2) 高校与城市规划部门的城市色彩实践成果

由于地域差异性因素，各地区高校与规划部门共同推进各地区城市色彩规划，其中以宋建明为代表的中国美术学院色彩研究所，对江浙沪杭等地区城市色彩进行了深入调研与色彩规划设计，并将色彩地理学运用到城市色彩实践研究中；中山大学对广州、厦门等城市作了相关的城市色彩规划研究；重庆大学城规学院对重庆市主城区城市色彩总体规划进行研究；天津大学建筑学院对天津中心城区建筑环境色彩进行研究。在各地高校科研平台下，结合城市规划管理部门的实践支持与配合，城市色彩的实践范围不断扩大，成果日趋丰富，为城市色彩理论的进一步提升奠定了坚实的基础。

①中国美术学院色彩研究所

杭州市滨湖地区整治规划——景观与建筑色彩规划中，首次将色彩地理学引入城市色彩实践中，色彩研究中主要是对建筑物、自然因素、街区等色彩进行考察，并提出相应的改善方法。

龙泉市城市色彩调研与规划研究，根据时间秩序划分城市空间，并以此构建不同分区的色彩控制方法，解决具有中国特色的城市色彩问题，形成城市色谱、配色图谱等成果，至此，色彩地理学开始走向"中国化"。

浙江宁波市镇海区城市景观、建筑色彩调研与规划报告中继续运用色彩地理学原理进行城市色彩调研，形成城市色彩总谱，并开启了城市色彩规划管理的先河，提出了城市色彩指南、审批方法等。

杭州市中心城区城市色彩规划在色彩地理学基础上，提出了城市色彩形象定位、城市色彩总谱，并在城市色彩设计方法中融入"生活态"概念，在城市色彩规划设计中，保留延续原生态的城市生活，丰富了城市色彩设计途径。

温州市城市色彩规划研究中提出了对城市重点区域的色彩控制与定位，从以人为本的角度，提倡自下而上的城市色彩制定方式，促进公众参与，拟定城市色彩管理规定，为城市色彩法制化提供基础。

杭州市钱江两岸城市色彩规划，将新城与旧城进行色彩的和谐过渡，对两岸地区重要节点进行色彩定位、控制，使城市色彩成果逐步走向量化研究，对于滨水带状空间城市色彩规划方法具有重要的参考意义。

综上所述，中国美术学院色彩研究所对城市色彩的研究中，以色彩地理学为基础，从最初的城市色彩调研方法、色谱、图谱的制定，再到分区城市色彩规划设计方法，发展至城市色彩管理审批、色彩立法，最终回归以人为本，公众参与。在不断的实践探索、经验总结、理论检验中，逐步从感性走向理性，由定性研究走向定量研究，完善了城市色彩规划体系、方法体系，为中国城市色彩研究做出了重要的贡献。

②中山大学

中山大学在对苏州市城市色彩进行规划时，首先通过全面、深入的城市色彩调研，分析城市自然色彩、人工环境色彩，从时空秩序中梳理城市色彩脉络，发现苏州的民居与园林都延续着江南水乡"黑白灰"色调，建筑物局部色彩增加绛红色点缀，整体城市色彩呈现统一和谐的淡雅，因此，城市色彩规划中仍延续分层把控，重点管控的方法，对苏州古城色彩的使用进行不同力度的控制。

在广州城市色彩规划研究中，主要通过空间秩序与时间秩序来探究城市色彩的演变，进而梳理城市色彩的发展脉络。基于城市分区理念，提出分层面、分系统的色彩规划策略，形成城市各个分区色谱、规划导则以及管理方法等成果。

综上所述，中山大学在城市色彩研究中已形成成熟的方法体系，首先以色彩地理学为基础对城市色彩现状进行调研，全面考察自然、人工色彩环境，从时空秩序梳理城市色彩脉络，提出城市色彩特征意象；其次是分层面、分系统提出规划策略，最终进行总体空间分布引导，重点控制。

③天津大学

天津市中心城区建筑环境色彩导则研究，以色彩地理学为基础对天津中心城区的自然环境、建筑环境色彩、人文历史环境色彩进行全面的调研，提出城市色彩总谱、推荐色谱等，并依托天津大学建筑学院先进的物理实验室平台，建立了城市色彩数据库，以便于进行色彩图文索引，形成天津中心城区建筑色彩规划控制导则，从而提高了城市色彩的量化研究水平，以及城市色彩规划的前瞻性与可操作性。

④重庆大学

重庆市主城区城市色彩总体规划研究，主要以城市规划的力量控制城市色彩，以总体暖灰色调，空间分区差异为原则，使城市色彩饱和度由城市中心向周边过渡，形成城市色彩内浓外淡的色彩关系。

3. 城市色彩研究趋势

在传统力量与现代力量不断博弈的过程中，城市色彩不断淘汰替换竞争发展，而对于城市色彩的研究也不再停留于色彩搭配美学、城市美化等，应当更加注重城市色彩对于城市文化内涵与历史传承的映射，基于以上背景，专家学者从不同视角对国内城市色彩进行深入研究，在 2006—2010 年期间，形成了丰富的研究成果，2010 年后城市色彩研究趋势逐步低缓，进入发展瓶颈期（图 1-8）。2008 年宋建明在海南色彩论坛《关注色彩的 N 个维度》[1]论文集中提出色彩与文化问题，于西蔓也在色彩与城市生活中提到"色彩是城市历史脉络的延续，一个城市总有一些东西可从色彩方面去传承，当然这个可以放到很多层面，可从人文风俗的方方面面研究，我们从历史中挖掘出很多东西，可以通过城市色彩的各种要素的表达方式来表现"[2]。张颐武分析总结了新中国成立以后，由生产为主导的文化形态到以消费为主导的文化形态的转变，造成城市色彩由单一走向复杂多样，阐释了社会文化形态对城市色彩面貌的影响，并最终积淀形成了大众的色彩观念意识。以上专家学者在城市色彩的发展中都提出了城市色彩与历史延续的问题，于西蔓注重挖掘历史民俗生活状态方面的内涵，张颐武主要从宏观的角度剖析社会文化形态与城市色彩演变的关联。此外，丁圆也从文化角度诠释了城市环境色彩，他对于城市环境色彩的文化性研究主要侧重于色彩的视觉吸引力以及色彩的象征意义、地域特征的表达。

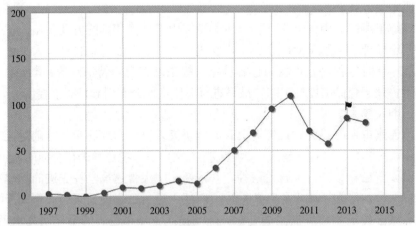

图 1-8　国内城市色彩文献研究趋势
（图片来源：CNKI 学术趋势）

1　宋建明. 关注色彩的 N 个维度 [C]. 新观点新学说学术沙龙文集 25：色彩与城市生活，2008.
2　宋建明. 关注色彩的 N 个维度 [C]. 新观点新学说学术沙龙文集 25：色彩与城市生活，2008.

由于传统的城市色彩研究过多的依从西方的理性主义，单纯从科学理性的视角探究城市色彩，忽略城市色彩的社会属性，导致城市色彩研究存在一定的片面性，基于此，林文提出了具有创新意义的城市色彩观点：主张从理性视角转向社会视角，注重时间维度与城市色彩的结合，主要内容包括将城市色彩作为城市"空间"的表皮，存在于城市"空间"的关系之中，而空间的政治属性与社会属性间接地影响着城市色彩，并将空间政治属性、社会关系与城市色彩结合，运用城市空间理论归纳城市色彩，解读城市色彩在日常生活中的作用，从时间维度将城市色彩中的建筑物色彩，分为三种时间性质的色彩，一种是具有活力的且有时间性的色彩，形成延时性的城市色彩；一种是毫无生命力的具有时间性的色彩；最后一种是城市建筑中不具有时间性的色彩。这一观点对于本文的研究具有重要的借鉴意义。

以年轻的城市——深圳为例，位于观澜街道新澜社区，有两百余年历史的观澜古墟是至今保留较为完整的客家风情商业街区，也是"目前深圳地区十余座古代墟市中唯一完整保留下来的墟市街区"。当年商贾云集，文化交流繁华，有"小香港"之称。不仅是深圳近代社会发展的"活标本"，也是客家民俗文化发展的重要载体，其保护价值毋庸置疑。老街区一直保留着清末时期的格局与风貌，建筑物保存完好，2006年，开发商原本将其开发为古董街，于是政府强制迁出清空原住民，古墟被封存，由于管理存在真空，原本生机勃勃的老街在清空后成为失落空间，失去了城市空间的价值，导致建筑色彩剥落，失去原真性，抹杀了真实的生活痕迹，生硬地阻断了城市色彩基因的延续，导致传统街区色彩静态化、碎片化，旧街巷中建筑虽然具有时间性，却失去了自身活力，其色彩基因已断裂。城市美化运动产生了大量的无时间性的色彩，由于人为的他组织力量生硬的注入城市色彩中，显得十分突兀，与城市色彩形象格格不入。部分城市在长官意识的作用下，急功近利，注重城市表皮美化，以色彩鲜艳的巨幅彩画代替街景立面，形成缺乏时间性的城市色彩，不仅没有美化城市，还影响了城市景观风貌。

郭红雨、蔡云楠主要从城市色彩规划的角度提出在当代城市生活形态中如何保留色彩文化，如何运用技术方法与非技术方法阐述色彩中的文化复合含义。目前，国内已有三百多座城市进行色彩实践，包括提出城市色彩规划发展目标、城市色彩形象主色调等，由此可见，城市色彩规划已经成为城市规划体系中的重要组成部分。

城市色彩方法论逐步与城市规划方法论结合是目前城市色彩发展趋势之一。随着城市快速扩张，城市风貌呈现色彩混乱、失控无序的现状，因此，在制定新的城市规划中，以建立和谐、健康发展的城市色彩秩序为目标，

"将旧城更新中的'织补城市'理论运用到城市色彩研究中,以一种'针灸'方式编织修补方式对现有城市色彩加以提升整合,使城市色彩从无序走向有序"[1]。在充分考虑已有旧城区色彩环境的基础上,通过调研已有建筑群或者城市重点风貌建筑色彩现状,分析总结色彩样本,对于碎片化的建筑色彩斑块进行整合缝补,使新建现代建筑色彩与旧有传统建筑色彩和谐过渡,从而整体统一、协调发展。

综上所述,随着城市色彩不断发展,在应对层出不穷的城市色彩问题时,城市规划的方法较为被动,往往是拆东墙补西墙,究其原因是未能整体、全面、系统地研究城市色彩,而研究视角又较为狭隘,忽视了对城市色彩内在演变规律的把握,使城市色彩研究进入瓶颈期。因此,未来的城市色彩发展应当将城市色彩系统视为有机类生命体,探究其内在演变规律,把握城市色彩发展趋势,提高城市色彩规划的预测性与前沿性。

1.2.4　国内城市色彩存在的问题

1. 城市色彩问题现状

改革开放初期,为了极大地促进生产力提高,建筑色彩呈现灰色调,奔小康之后,对于国际化的渴望,迫切发展经济,排斥、放弃自身传统优势,城市色彩标新立异,呈现"花"、"乱"等状态,并逐渐走向趋同化。

1)旧城色彩保护性失效——古今互不相融

城市旧改失控的现象导致城市色彩趋向于"纵色"状态[2]。城市空间中新旧色彩的突兀对比形成"古今拼贴"的超现实主义都市景观,不和谐的城市色彩景观环境无处不在地生长于城市的大街小巷中。经历世代积淀的城市历史文化底色被现代城市色彩一层一层的掩盖、侵蚀,成为缺乏历史价值的城市色彩碎片,破坏了城市色彩基因的完整性。其次,传统历史建筑色彩与现代建筑色彩的强烈对比也不利于历史建筑保护的整体性、连续性发展,例如韩国景福宫历史建筑色彩与周边现代建筑色彩环境形成了鲜明对比(图1-9)。

以天津北塘渔村为例,地处塘沽区最北端,紧邻三河入海口,自古以捕鱼为主,清初已是闻名津京及冀东一带的渔业重镇,已有六百多年历史,并保留着古炮台、戏台等明清建筑。笔者多次调研古镇的建筑色彩,发现推平重建之后的街巷空间,随着以往的渔村社会生活形态被现代化商业活动代替,城市的地域文化灵魂也被抽离,因此,虽然古镇的建筑色彩保留了传统的砖灰色基底,延续了城市色彩的表象,但缺乏城市色彩的内在演

1　彭诚.当代城市色彩规划模式初探[D].湖南:中南大学硕士学位论文,2010.

2　彭诚,蒋涤非.古典城市色彩对当代城市色彩规划的启示[J].中外建筑,2010.

变动力，在现代城市色彩环境中，成为孤立的标本，与现代城市色彩并存于同一空间，形成城市色彩发展古今互不相融、色彩拼贴化等问题。

图1-9　古今不融的城市色彩问题（彩图见书后）

（图片来源：作者自摄）

2）城市色彩均质化，平庸化

城市色彩是城市风貌的重要组成部分，随着全球化来袭，外来城市色彩基因强势介入，使本土色彩基因处于弱势，并产生异变。随着多样化色彩基因的振荡、重组、竞争，外来城市色彩不断强化成为主流色彩基因，传统城市色彩的历史文脉被割裂，或是走向衰落，或是被外来色彩基因取代，走向趋同化。当前大部分城市呈现大面积均质的现代无彩灰色，而具有本土特色的城市色彩基因以断裂的碎片形态夹缝生存。

3）城市色彩混乱，噪色污染问题

从城市空间角度来看城市色彩问题，城市远景存在突兀色彩，影响城市天际线的美观；城市中景呈现单调、平庸、乏味的色彩形态，而城市近景又散在单体建筑物噪色，当城市空间中的远景、中景、近景均并置于同一城市空间中，城市色彩层次的丰富性、和谐度影响了城市的宏观形象发展。

4）城市色彩发展进入瓶颈期

随着各大城市甚至中小城市兴起城市色彩规划，城市色彩在城市规划文本中趋于口号化、平面化，而实际的可操作性则较弱（图1-10），而研究视角始终止步于城市色彩现在时态中产生的问题，以及解决方法，并没有系统地研究城市色彩本身，主动挖掘掌握其内在发展动力机制，使城市色彩研究趋于被动。"依据生物学中的瓶颈原理，复合生态系统的发展早期需要开拓与发展环境，速度较慢，继而与环境最为吻合，整体呈指数式上升，最后受环境容量和瓶颈的限制，速度放慢，越接近某个阈值，其速度越慢，但人为的改造环境，拓展瓶颈，系统会再次出现新的限制因子与瓶颈,复合生态系统就是在这种不断逼近或扩展瓶颈的过程中波浪式前进,实现持续发展的"[1]。将城市色彩视为有机生物体,同样存在相同的瓶颈限制节点与波浪式演进过程。

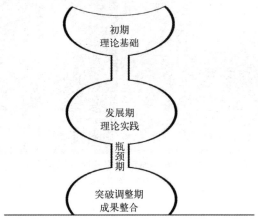

图 1-10 城市色彩研究发展瓶颈期示意图

（图片来源:作者自绘）

2. 城市色彩问题演变分析

1）城市色彩观念问题

传统城市色彩观念在单线进化论、大众迫切与国际接轨的浮躁心态以及视觉至上的影响下,转变为追求色彩的标新立异抑或是盲目趋同;改革开放之后又迫不及待地追求精英文化,进而对传统色彩观念进行排斥,走向色彩审美极端化,导致城市色彩基因组织结构断裂,使城市色彩风貌呈现泛视觉化、均质化、碎片化等。

2）城市色彩体系问题

一直以来对于城市色彩问题的研究过于急功近利,研究视野仅仅局限于城市色彩的现在时态,忽略过去与未来时态的研究,导致城市色彩断代化发展,因此通过整合不同时态、不同空间的城市色彩形态与数据对城市色彩现在时态的积淀,为过去、未来城市色彩新的解读提供可能性与契机。

3）城市色彩研究方法问题

由于城市色彩本身具有模糊性与不确定性等特征,加之目前的城市色彩研究方法的不足,使城市色彩规划实践中,较多依赖于主观臆断、人为控制规划,包括城市色彩现状调研、采样分析,建筑配色设计,城市色彩分区控制等流程中都缺乏科学、理性、严谨的技术路径,导致城市色彩的

1　王如松,欧阳志云.生态整合——人类可持续发展的科学方法 [J].科学通报,1996.

研究存在一定的误差，因此，在城市色彩规划中，运用定性与定量结合的研究方法，结合数据信息化平台，提高研究技术水平、制定具有科学依据的城市色彩规划策略，并使其切实可行地落实到城市色彩管控实践中。

3. 不同时期我国城市色彩演变特征归纳

通过梳理文献资料，挖掘城市色彩演变与发展趋势，归纳总结了不同时期城市色彩的发展状态（表1-2）。

国内城市色彩演变特征归纳（资料来源：作者自绘）　　表1-2

	国内城市色彩特征
积淀期	城市色彩系统呈现封闭状态，基本延续本土色彩基因，积淀成长
繁殖期	城市色彩基因多元化融合，但传统城市色彩仍为主流发展趋势
变异期	异质城市色彩基因逐步强化，与传统色彩基因对立抗衡
干扰期	异质色彩占据主导地位，与传统色彩基底相斥，形成城市色彩污染
修复期	开始进行城市色彩美化、城市化妆运动等表面修复活动
瓶颈期	运用城市规划方法，调整无序的城市色彩现状，成效不足
整合期	将城市色彩视为有机体，整合、优化恢复城市色脉系统内在生态秩序

1.3　研究目的、内容、方法

1.3.1　研究目的

本文从现象学入手，立足于城市文脉的延续角度，通过对城市色彩研究中遇到的瓶颈期问题进行分析，以城市色彩有机发展为目标，利用文脉与城市色彩的契合点作为当前瓶颈期的突破口，将新文脉主义理论与城市色彩等相关理论结合，提出城市色脉的概念以及城市色脉有机发展策略，从而建构城市色彩有机发展体系，以期最终呈现城市色彩的时空统一、全景化图景。

1. 为目前城市色彩发展瓶颈期提供了新的突破点

对目前城市色彩研究的瓶颈期进行理性分析，由于研究视角、研究对象、研究范畴的局限性，各大城市城市色彩规划的热衷逐步进入平淡期，导致城市色彩研究的发展平面化、静态化、局部片面化。

2. 树立新的城市色彩发展观

在城市色彩发展进程中，无论是理论方面还是实践方面都形成了丰硕的研究成果。在色彩地理学理论基础上结合我国城市更新的发展背景，形成了针对城市色彩现在时为研究对象的保护延续传统城市色彩的观念。随着社会快速发展，城市建设的推进加快，城市色彩问题也不断加剧，而目前的城市色彩理论基础已经不能满足城市色彩的有机发展需求，因此在新的发展时期，我们需要扩大城市色彩时空研究范畴，突破学科研究界限，发现新的研究视角，从而树立全面、整体、有机的城市色彩发展观。

3. 探寻城市色彩内在演变发展的规律，为未来的城市色彩发展提供借鉴和参考体系

城市色彩的演变与发展一直贯穿于城市发展中，在时间与空间的历史积淀下形成一条具有生命力的脉络，在城市文脉系统中深入挖掘城市色彩演变脉络走向，对于保护城市历史文化风貌，有机延续城市文脉，对未来城市色彩系统的发展具有重要的意义。对于现代城市，扩展视角，预测未来；对于未来城市的意义在于积极主动地保留历史色彩，而不是今天需要借鉴史料推想复原城市色彩，对于具有浓厚的传统历史积淀的城市的意义在于监控规划、预测城市色彩发展趋势，为新兴城市的色彩定位提供参照标准，建立健康平衡、有机发展的城市色彩系统。

1.3.2 研究内容

1. 城市色彩瓶颈期分析

通过广泛搜集城市色彩资料，掌握城市色彩学术发展前沿动态，客观地分析城市色彩发展所处阶段：发现由于对城市色彩认知的局限性，导致对城市色彩体系缺乏整体性、全局性、动态性研究，因此，目前城市色彩研究发展较慢，处于瓶颈期阶段，虽然城市色彩学者对城市色彩进行了不同侧重点的研究，并取得了丰硕的研究成果，但是，很显然针对当前城市色彩研究中基于色彩地理学理论长期进行"中国化"的实践，已经无法进一步满足城市更新的发展需求。

运用生态学中的瓶颈原理描述城市色彩复杂系统的发展过程，当国内初步开拓发展研究城市色彩系统时候，速度较慢，当与社会环境、需求相适应时，发展速度最快，呈现指数上升。当城市色彩理论实践研究与社会发展现状需求不适应时，不能与社会环境契合时，将受到社会环境瓶颈的限制，当接近临界点时，速度达到最慢，需要通过人为主动探寻突破口，扩展研究瓶颈，从而继续发展，这个过程循环往复的运行，实现层次性波浪式跃进式发展。

2. 城市色脉概念提出

针对城市色彩瓶颈期问题，从城市文脉延续的视角并结合城市色彩理论，试图寻找突破点，提出城市色脉概念，对城市色彩演变规律与内在动力机制进行深入立体的解读。

3. 城市色脉网络构建

借助"城市色脉切片"理论模型以及"城市色彩时空框架"等概念，结合城市文脉形态、空间形态，在城市色脉网络中，清晰表达城市色彩发

展的特征及其运动规律。

4. 城市色彩有机发展策略

建立城市色脉系统价值评价体系,并结合"城市色彩阈限模型"提出"城市色彩过滤机制"、"低影响发展策略"、"筛选竞争策略"、"城市色彩错位发展策略"等,进一步提升城市色脉有机发展的可操作性。

1.3.3 研究方法

由于本文是从文脉延续的视角来研究城市色彩的演变发展的,而城市色彩与文脉研究范畴是纷繁复杂的,因此本文的研究过程中在尊重传统研究基础之上融合更加多元化、创新的研究手段。主要运用文献综述方法、系统研究方法、跨学科研究方法、历史考察研究方法、引介理论合理扩展方法等。

具体方法:

1. 文献综述方法

文献法是历史人文学领域研究中最为常用的研究方法,本文通过借助古籍文献、古画、历史年鉴、互联网中丰富的文献资料以及城市色彩现有科研研究成果,进行相关的收集、检索、阅读、筛选、梳理,对比和分析,调查和研究,并应用新文脉主义理论、城市自组织理论、色彩学、现象学、生物学等相关理论,从城市色彩与城市文脉延续、发展的角度,对文献资料进行全面、客观的总结与归纳,发现问题,分析问题,解决问题,通过集体的智慧,探寻城市色彩在历史长河中的发展轨迹,提出本课题相关概念以及理论体系,以期为后续科研提供理论依据的支持。

2. 系统科学研究方法

系统研究方法具有科学性与逻辑性,本文始终贯穿系统研究法,在城市文脉演化的历史系统背景下,着眼于城市色彩发展整体,以城市色彩演变规律以及内在动力机制为核心,"以构建动态、有机、全面,整体的城市色彩为目标,主要通过城市色彩与城市文脉之间的联系、相互作用诠释城市色彩的发展本质"[1],从而寻求城市色彩健康、平衡发展途径。

3. 跨学科研究方法

一般综合超过两类学科进行跨界合作研究,并且已经跨越某一发展成熟学科边界是跨学科研究方法的重要标志。城市色彩是一门包含各个领域学科内涵的综合性科学,也是一个复杂、开放的系统,在学科走向综合、交叉、渗透发展的时代,我们应当在深入探究城市色彩理论的同时,注重不同学科、不同学术领域互相吸收、借鉴,并不断融合协作,走向共同发展。因此,本

---

1 綦伟琦. 城市设计与自组织的契合 [D]. 上海:同济大学博士学位论文,2006.

文立足于城市色彩与城市文脉内在演变机制的契合点，将新文脉主义理论、城市自组织理论，生物遗传学等相关理论引入城市色彩研究中，并提出城市色脉的概念，进一步探讨城市色彩演变发展规律以及内在动力机制。

4. 历史考察研究方法

文化学中最为重要的研究方法是历史比较考察法，任何文化形态、文化事物都需要将其置于历史背景中进行客观分析，纵向考察相关理论的发展脉络。历史比较法主要侧重于分析城市色彩在演变过程中与文脉结构的关系，如社会制度、风俗民情与城市色彩积淀的相互影响。历史比较法可以较为系统地分析、归纳城市色彩与城市文脉的契合点，以及历史上城市色彩的演变特性以及二者从融合走向分裂的循环演变过程，从而能够深入研究城市色彩发展演变的本质规律，以宏观准确地把握城市色彩发展的基本脉络。

5. 原型研究方法

对事物内在动力机制、发展本质以及外部关系的精确、抽象概括并进行直观表达是原型研究方法的实质。本文通过归纳总结城市色彩与城市文脉发展的原型，能够更清晰地解读城市色彩系统内在发展动力机制。

6. 图示研究方法

由于研究对象是具有直观意向的城市色彩以及模糊性特质的文脉理论，因此通过将城市色彩相关理论简化绘制成图，以对文章的相关概念关系进行阐述、剖析，便于清晰、直观地描述表达。

7. 建模研究方法

研究方法中能够直观、深入剖析研究事物的重要媒介是理论模型方法。在分析重点的城市色彩特征和演变规律的研究过程中，首先从现象学切入，在揭示事物本质与演变规律的过程中，需要建立相应的理论模型作为分析和探讨的中介。

8. 实证调查研究方法——实地调查法

以获取、观察原始材料为主要研究途径的实证调查研究方法是建筑学理论中广泛使用的方法之一，主要针对不加修饰的自然状态下的研究对象进行搜集，最终对其形成科学的认识。正所谓"读万卷书，行万里路"，城市色彩的演变发展脉络隐藏于当代形色各异的城市空间中，因此对国内外典型城市进行实证调查将有利于我们直观获取城市色彩中的显性表达与隐性表达的原始资料，更重要的是能够清晰地梳理城市色彩演变脉络及其运行轨迹，有助于城市色脉理论框架中色彩与文脉交织融合演变规律的探究。笔者对国内外的城市进行了色彩实地调查，掌握了不同地域城市色彩的构成与属性，获得了宝贵的第一手资料，有助于寻找文脉与城市色彩之间的契合点，并在城市色彩的演变发展规律等方面得到了大量实证。

9. 实例研究方法

实例研究是通过对个案实例的研究，从事物个体入手，揭示其内在的发展普遍规律并进一步深入扩展研究。实际案例研究方法是挖掘城市色彩与城市文脉发展相契合的关系以及揭示城市色彩发展内在规律的必然途径。本文通过详述天津中心城区城市色彩与城市文脉的演变进程，挖掘城市色彩内在演变规律，从而掌握城市色彩基因的发展趋势，试图为更广泛的城市探索更为科学、有针对性的城市色彩发展策略。

10. 引介理论，合理扩展研究方法

城市色彩属于城市文脉研究中的重要分支，且与城市发展紧密联系。但是在城市文脉的视角下对城市色彩演变规律进行模拟、剖析的过程中，由于城市色彩内在演变机制的复杂性、开放性与模糊性等特征，需要正确引介其他领域中已完善成熟的理论，如社会学理论、新文脉主义理论、意识理论、城市自组织理论等进行创新且合理的推演、延伸，拓展，从而用于城市色脉演变规律的解析、归纳，探索与求证。由于新文脉主义理论、城市自组织理论中的结构、因素、属性与城市色彩有机发展理论建构存在契合点，因此可以用于借鉴并推理演绎。

1.4　研究创新点与研究框架

1.4.1　研究创新点

1. 建立城市色脉理论体系

目前，城市色彩研究仍停留在以色彩地理学为基础的城市色彩规划方法与设计实践中，在城市色彩研究过程中侧重于现在时态的城市色彩，而过去、未来时态的色彩研究成果基本空白；其次，缺乏对城市文脉与城市色彩二者契合点的深入研究，使历史文脉在城市色彩风貌中的传承趋于文本化，导致城市色彩发展缺乏更深入的文化内涵挖掘。此外，局限的研究视角与片面的方法论，忽视了城市色彩系统内在演变动力机制与城市色彩的系统性研究，城市色彩发展趋于片面化、静态化、表面化，难以满足当前城市快速发展的需求。

城市色彩是城市文脉系统中的子系统，本文以城市文脉为背景，从文脉与色彩的契合点切入，通过跨学科研究方法，引介新文脉主义理论，并结合城市色彩理论、城市自组织理论、生物遗传学等成熟理论，建立城市色脉理论体系，包括城市色脉系统的影响因素、构成要素、表现形态、特征属性、功能作用等。

构建以城市时态、城市空间形态、城市色彩形态、城市文脉形态为核心的城市色脉网络，从而填补城市色彩过去时态、未来时态研究的空白，统筹整合传统城市参考色谱、色彩数据库等研究成果，进一步深入研究城市色彩，完善城市色彩研究体系，使城市色彩研究走向整体化、动态化、有机化、全景化。

从多维度、多视角阐述城市色脉体系，将其视为有机活态的生命体，借助生物遗传学中切片、遗传基因、"文脉切片"等理念，提出城市色脉切片理论模型，剖析城市色彩的演变进化过程中异质色彩基因的侵移、色彩基因遗传突变、城市色彩基因的适应、演替等循环进化特征，另外结合城市自组织理论，对城市色彩系统自发形成、自发生长、自发适应、竞争与协同的"内稳态"[1]动力机制进行阐述，有利于掌握城市色彩演变规律，为提出城市色脉有机发展策略奠定基础。

2. 提出城市色脉有机发展策略

城市色脉系统是城市色彩系统中的核心部分，因此，制定城市色脉的有机发展策略是实现城市色彩有机发展的重要途径。本文基于城市文脉延续的视角，并试图从城市文脉与城市色彩相互交融发展的契合点着手，探寻城市色彩发展瓶颈期的突破点，运用城市色脉理论，对城市色彩的演变过程进行系统分析，并探索城市色脉的内在演变机制，建立城市色脉系统的价值评价体系框架，分别从宏观、中观、微观三个层面提出城市色脉有机发展策略，包括筛选竞争策略、错位发展策略、低影响共生策略、过滤机制、优化策略，从而使城市色彩走向健康平衡有机发展。

3. 城市色彩有机发展技术路线的制定

为了规避传统城市色彩规划方法在对城市色彩定位、管控过程中的主观臆断误差，本文以城市色脉理论为基础，创新性地将数据信息成果与社会发展主导因素结合，即运用城市色彩阈限模型，整合分析已有的城市调研前期研究成果——城市色彩数据库，城市色彩参考色谱等，并对城市色彩基因进行风险性、适宜性评估，进而过滤、筛选、优化、分层，并提取为城市色彩基因库，为旧城旧区、新城新区、过渡区域中的城市色彩有机发展提供依据，以及具有可操作性、预见性的管控方法，整合城市色彩格局，引导、促进城市色彩的健康、良性循环。

1　Cannon W B. The wisdom of the body. New York: WW Norton，1932. 内稳态 (homeostasis)：内稳态是生物控制自身的体内环境使其保持相对稳定，是进化过程中形成的一种更进步的机制。具有内稳态机制的生物借助于内环境的稳定而相对独立于外界条件，主要表示生物面对变化的外部环境能保持恒定的内部状态的能力。

1.4.2 研究框架

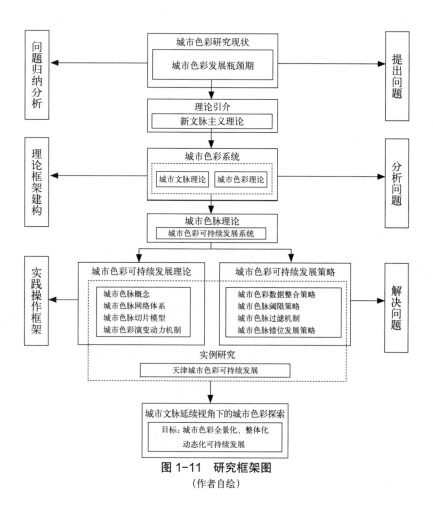

图 1-11 研究框架图
(作者自绘)

第2章　城市色彩与城市文脉理论的多维度融合

　　"任何一个民族的色彩文化，都既承担着社会文化使命，也与整体人类文化形成不可分割网络联系。"
——周跃西

2.1　城市色彩理论研究现状

2.1.1　城市色彩相关概念界定

1. 城市色彩

　　城市色彩是一个复杂、开放的系统，蕴含丰富自然因素、社会人文因素，因此，应从不同层面、不同维度对其概念进行界定。

　　国内对城市色彩的定义划分为广义与狭义的，Verena M.Schindler 认为，"广义的城市色彩(Chromatic Towns cape)研究'色彩表象'的相互关联品质，并以此作为城市和建筑空间的组成部分，也就是城市中各种能被感知的色彩现象的总和，而狭义的城市色彩强调城市建筑与城市空间形态共同构成的整体城市形象的识别性与可读性"[1]。

　　城市色彩由自然环境色彩与人工环境色彩构成，城市空间中能被感知的土壤、岩石、水系、植被、日照、气候、天空等称之为自然色，也是城市色彩的底色，是形成城市色彩的基础要素。其次是建筑、街道广场、硬质铺装、雕塑、交通、公共设施等构成人工环境色彩，对城市色彩具有一定的塑造力与影响力。

　　从物质与非物质层面来讲，城市色彩由城市色彩视觉形象与城市色彩观念意识两部分共同组成。城市色彩视觉形象涵盖了宏观、中观、微观三个层面的城市色彩视觉形象，例如整体城市主题色定位、连续性的街道色彩视觉形象、单体建筑物色彩搭配、建筑物与周边环境的色彩关系，不同空间区域内的色彩视觉关系等。城市色彩观念意识中包括传统色彩审美的传承与延续、本土色彩的用色、择色规范、城市色彩观念意识、主流色彩文化等。城市色彩视觉形象与城市色彩观念在城市色彩的演变过程中互为依存，相辅相成，二者的和谐发展、良性循环也是塑造城市整体形象的必要途径之一，因此，我们应当树立健康和谐的城市色彩观念，不断提升、

1　辛烨婷. 传统街区色彩保护与演绎研究 [D]. 陕西：长安大学硕士学位论文，2011.

优化城市色彩形象。

从动态与静态层面来说，将人工环境色彩划分为固定色彩、流动色彩、永久色彩、临时色彩，民用建筑、道路、桥梁等构成固定的永久色，公共交通设施、行人的服装装饰等色彩由于其动态性而构成流动色，城市空间中的广告、标识牌、指示牌等因其灵活的存在于固定的时间段，从而构成城市色彩中的临时色。细化分层研究城市色彩的定义，虽然不同分层之间互有重叠，但有利于清晰、全面地研究城市色彩的含义。

2. 城市色调

城市色调的形成源于城市自组织力量，即通过集体无意识产生的色彩基因在时间轴上的表达。城市色彩在空间形态上呈现点、线、面分布，由建筑延伸至街巷，蔓延至城市空间中，继而从量变走向质变，最终形成具有相对稳定性的城市色彩底色，随着城市的不断演变与生长，在没有外来因素的干扰下，人们本能地延续与传统城市色调相符的色彩基因，经过代代相传，层层积淀，最终形成城市色彩基调。城市色调直观地体现了城市气质与格调，例如，江南地区的城市色彩相对于北方厚重的历史色彩更为淡雅、清新，也没有明显的等级用色区分，一致使用黑白灰等主要建筑材料原色，杭州、皖南、苏州等地基本保持了这样恬淡、雅致、和谐的城市色调。

伦敦是温带海洋性气候，常年多雾，有"雾都"之称，在这样的气候自然条件影响下，整体城市色调明度、亮度偏低，建筑材质多为水泥、砖、石等材料本色，如泰晤士河两岸的建筑，现代在某种心理需求下，人为地提升城市建筑物色调、明度以及饱和度，产生了较好的社会效果。

华盛顿城市主色调可以从它的国会大厦和广场上的其他建筑颜色来看国会大厦的主色调是白色，华盛顿纪念碑也是白色的，国家美术馆（包括东馆和西馆）也是比较接近白色的，广场上林荫道是绿色的。以这种色调作为华盛顿主色调，使这座城市显得文静秀雅。我国东北、青岛、哈尔滨等城市建筑色调的形成由于靠近俄罗斯，并且受到近现代外来文化影响，导致传统色彩基因发生变异，例如青岛受到德国文化影响，城市色彩呈现砖红色的基调倾向。

3. 城市色彩规划

随着城市化进程逐步加快，传统城市空间特色逐渐弱化、城市问题不断加剧，影响城市风貌的色彩问题也受到广泛的关注，通过相关专家、学者的不断研究，城市色彩规划在色彩学、地理学、心理学、社会学等诸多跨学科研究背景中应运而生。城市色彩规划的内容包括：剖析城市色彩构成要素，确立城市色彩主色调，提供城市色彩总谱、主体色、辅助色的参考色谱、推荐色谱等，制定全面、长远的城市色彩控制策略，"建立符合城市的自然、社会、历史、经济、功能、视觉审美、精神文化等要素协调发展的城市色彩系统"[1]，从而引导、管控城市空间中人工环境色彩的有序演进。

　　"城市色彩是一个城市总体的建筑颜色，城市色彩规划设计不仅仅是对一个城市的色彩确定一个色调，重要的是突出城市的自然美与环境的和谐，体现传统文化中天人合一的审美范式，其次，在一定程度上能反映城市的历史文脉，并且通过色彩去识别城市和城市区域功能"[2]。因而，在城市色彩规划的设计实践中，我们首先应当尊重城市的自然底色特征，营造与自然环境相融合的城市色彩，在地域色彩明显的海滨、草原城市，考虑到自然底色背景，人工环境色彩一般采用与自然色彩对比鲜明的色彩，例如，塞上草原张北的城市色调定位为不同明度与饱和度的橙色调，既与蓝天、草原背景形成强烈对比，又在差异变化中和谐发展。青岛、威海、厦门等海滨城市，鲜亮的棕红色屋顶，与自然环境中的绿树、碧海蓝天形成色彩对比，从而呈现了自然环境基底色与人工环境色彩和谐一致的滨海城市色彩风貌。

　　由于城市色彩规划最早是在历史文化城市、历史建筑物保护与更新的需求下兴起的，因此，在城市色彩规划中应当以延续、传承历史文脉为前提，保持传统城市色彩基因的真实性、连续性、整体性，并与现代城市色彩协调统一，例如，在大同鼓楼东街历史街区的修复中，通过完整的保留历史建筑材质、肌理，甚至社会生活形态，延续了传统历史色彩脉络。其次，天津中心城区的城市色彩始终以具有历史积淀内涵的砖灰色为城市底色，在此基础上，融入了砖红色、暖黄色基因以及现代技术因素带来的亮灰色基因，从而使传统色彩基因与现代色彩基因层层叠加、有机结合，形成具有生命延展活力、有序发展的城市色彩肌理。

　　城市色彩规划是城市规划系统中的分支，不仅与自然环境、历史文脉相关，更重要的是满足城市功能定位需求。从宏观视角来说，城市的功能属性影响了城市整体色彩形象的发展，即不同城市空间中的人类社会活动潜移默化地营造了与城市功能属性相匹配、一致的城市色彩，从而塑造不同的城市色彩性格。而城市色彩形象也成为表达城市功能属性的重要表征之一，例如，具有较强的象征性、主导性、秩序性的行政城市，呈现大气、庄严的色彩形象；以稳定、厚重、质朴的传统色彩为主要色调的历史文化城市；色彩跳跃、醒目、对比强烈的商业城市，冷峻、理性的灰色调金融城市、旅游城市的愉悦、舒适、鲜明的色彩氛围等。

　　从微观角度来讲，将城市空间依据不同的功能进行分区，对于行政区域、居住区、科教文卫区、商业区、历史保护区域城市色彩进行色调定位以及不同力度的规划管控。

1　杨艳红.城市色彩规划评价研究[D].天津：天津大学建筑学院硕士学位论文，2009.
2　尹思谨.城市色彩景观规划设计[M].南京：东南大学出版社，2003：79-82.

2.1.2　城市色彩的构成

1. 自然环境色彩

自然环境色彩不仅是城市色彩演变的原始基础，也是推动城市色彩发展的根源，在城市色彩的发展过程中，人类从最初的适应自然环境色彩，到运用工艺技术设计改造自然环境色彩，营造城市人工环境色彩，再到渴望回归具有真实活力的自然环境色彩，始终以自然环境色彩为基础。

1）植被色彩

首先，"植物是有机、活态的生命系统，不同地域中的植物具有不同的色彩，随着生长阶段、气候、季节变化等形成动态的色彩景观"[1]。植被中包括乔灌木、花卉植物等，树木的叶子在四季中呈现由黄转绿，由绿转黄继而变成红色的植被景观，植物的花卉色彩更加异彩纷呈，因此将乔灌木与花卉组合，搭配形成层次丰富、秩序井然，具有色彩节奏韵律的植被景观，在植被色彩衬托下，城市色彩显得更加生机勃勃。

其次，由于植被色彩拥有丰富的季相色彩变化，从而形成了色彩季节理论，并运用于城市色彩景观实践中，南方的植被色彩季相变化微弱，植被花卉种类多样化，植被色彩在城市色彩中占有较为重要的地位，北方城市中的植被色彩，季相变化强烈，丰富多彩，但由于气候限制性因素，植被物种单一，色彩较为单调乏味，冬季植被色彩基本以为松树的灰绿色为主，在城市色彩中，植被色彩常用于点缀色。在空间层面上，相较于点状、面状空间，植被色彩在线性空间中更容易营造立体视觉，例如城市街道、主干道、高速道路、滨水带等空间，不同种类的常绿乔灌木与花卉搭配，在带状空间中容易形成强烈的色彩视觉效果。

2）土壤色彩

土壤色彩是城市色彩演变发展的基底。在城市兴起初期，生产力、城市化水平较低，土壤色彩决定了城市人工环境色彩，随着生产力的提高，人类不断改造自然环境，城市色彩逐步忽视了土壤色彩的重要性。随着本土文化的回归以及对自然生态系统平衡的认知与需求，以大面积的土壤、岩石色彩为主构成的自然基底色在城市色彩规划中受到重视，并以尊重城市自然基底色为人工环境色彩发展的前提条件，将土壤色彩基因渗透、延续至人工色彩基因中，从而强化城市色彩的地域特色，构成城市人工环境色彩与土壤基底色相吻合或者相互衬托的色彩图底关系。例如福建圆形土楼建筑就是就地取材的典型案例，以红土为主要材质，将土壤基底色融入建筑色彩中，形成了具有地域特色的建筑环境色彩，黄土高原的窑洞建筑

1　邓清华.城市色彩探析 [J]. 现代城市研究，2002.

也是以当地黄土为材质建造，将自然土壤色彩与人工环境色彩完美地融合。

　　3）水系色彩

　　水系中包括自然河流、湖泊、滨水滨海等，水系的色彩与整体环境色彩相辅相成，水系对城市色彩的影响一方面在于显性的色彩视觉，例如有"西方水城"之称的意大利城市——威尼斯，其水系呈现深蓝色，因此城市色彩采用补色橙色与之形成鲜明对比，另一方面形成了根深蒂固的水系文化，并作为一种社会集体无意识世代传承，影响城市色彩的演变与发展；例如天津的漕运文化、运河文化积淀形成以灰色为主的传统城市色调。

　　4）天空色彩

　　相对于土壤色彩，天空色彩更加立体，全年无时无刻不影响着人工环境色彩，气候、气温、湿度、工业污染等是影响城市天空色彩的主要因素。王京红根据日地年日照小时数和日照强度数据绘制而成全国的天空色彩理想化分布图并进行研究，在尊重自然环境色彩基底的前提下，模拟复刻着多样化的人工环境色彩，在微观时间维度上，一天之内光照、天气，在阳光直射度、漫射、反射发生改变，并影响人工环境色彩冷暖、明度、色相等。此外，一年四季的季节、气候变化，以及工业化导致大气污染，雾霾现象，能见度直接影响了城市色彩的视觉形象，例如，"阴霾多雾的伦敦，建筑多选用朴素而稳重的色彩，而阳光绚丽的威尼斯，建筑多选用热烈而浓郁的色彩，因为同样的建筑色彩在伦敦看上去要会比威尼斯鲜艳得多"[1]；北美城市墨西哥，由于所处特殊地理环境的限制，日照十分强烈，天空色彩成为墨西哥的主要环境色彩，这样使整个地区的色调比较单一，人们根据环境客观性，结合色彩美学原理，"把建筑物的墙面、门窗设计成鲜艳的色彩，从而丰富了墨西哥的城市色彩环境"[2]，另一方面，天空的自然环境色彩影响了人类心理，改变大众的色彩审美观念，从而间接地改变城市色彩风貌。

　　2. 人工环境色彩

　　人工环境色彩按照物体尺度划分为宏观、中观、微观三个部分，包括街区色彩、建筑物色彩、环境小品色彩。法国色彩地理学家从物体的时间维度，将存在、保持时间较长的划分为固态城市色彩，在较短时间容易产生色彩变化的划分为流动城市色彩。

　　1）街区色彩

　　街区色彩包括街道、广场等沿街立面包围的封闭空间内的整体色彩，由建筑色彩以及微观的环境小品色彩等细胞综合而成的多样化、复杂的色彩组织。由于线性空间容易形成动态的色彩景观，是直观了解城市色彩的视觉通

1　安平.城市色彩景观规划研究 [D].天津：天津大学建筑学院博士学位论文，2010.
2　熊惠华，钟旭东，杨智超.色彩美学与规划管理在城市特色构建中的重要作用 [J].中外建筑，2010，03：83-85.

道，其次作为城市空间的重要节点——广场色彩应当选取具有城市代表性、亲和力的色彩并与空间相互协调，营造适宜大众休闲娱乐的场所精神。

2）建筑色彩

建筑色彩在城市色彩组织的形成过程中具有重要意义，主要包括主体色、辅助色、点缀色。单体建筑物色彩的选择、搭配与运用像细胞一样，直接影响街区、街道色彩并蔓延至城市色彩整体特征中。从功能层面，不同的功能需求赋予建筑物不同的色彩形象，因此，将建筑色彩划分为公共建筑色彩、居住建筑色彩、科教文卫建筑色彩等，其次，需要注重建筑色彩的搭配、色彩关系的协调性，对于建筑的第五立面的色彩——屋顶色，也是不容忽视的，例如鸟瞰葡萄牙里斯本、罗马佛罗伦萨等城市，红色的屋顶与白色、米黄色建筑立面共同构成具有活力且稳定，丰富而有秩序的城市色彩体系。

3）环境小品色彩

随着城市化水平不断提高，在大众对于公共艺术系统、公共服务系统的需求下，形成了包括艺术雕塑、公共装饰、指示牌、休闲座椅、果皮箱、饮水、指示牌、问讯亭等设施，形成了丰富的环境小品色彩，例如厦门城市街道两侧的二十四小时自助图书馆设施（图 2-1），既具有城市基础设施、服务设施功能，又运用科学合理的色彩标识体现城市家具系统的人性化、多样化，使环境小品达到了功能与审美的高度统一。

图 2-1　厦门市街边 24 小时自助图书馆色彩（彩图见书后）

（图片来源：作者自摄）

4) 固态城市色彩与流动城市色彩

固态城市色彩是指在承载体上保持时间较长，短时间内不易改变的色彩，一般指城市地理环境，例如土壤、岩石、植被色彩以及部分大型建筑物、公共基础设施载体等。

流动色彩包括交通设施、城市公交系统（图 2-2），出租车、高铁运输、街头灯箱广告，还包括大众的服装色彩——这既是一种流动的城市色彩景观，也是一种社会文化景观，在一定程度上反映了时代特征、地域文化、社会风貌。例如 20 世纪 80 年代我国的服装色彩以蓝、黑、灰色为主，20 世纪 90 年代改革开放后，随着人们思想观念的转变，服装色彩开始变得鲜艳、时尚，也为街头巷尾增添了靓丽的色彩，由此可见，流动色彩为固态城市色彩带来更多可能性与活力。

图 2-2　天津滨江道街道流动色彩与斯里兰卡城市交通流动色彩（彩图见书后）

（图片来源：作者自摄）

法国色彩学家朗克洛在色彩地理学中将城市色彩分为固定色彩与流动色彩。流动色彩包括灯光色彩，灯光最初是为了满足照明的功能需求，随着社会快速发展，灯光照明已成为城市夜景的重要组成部分，通过运用不同的照明方式不仅满足人工环境的功能，也实现了灯光色彩的美学价值，营造出层次丰富、绚丽多彩的城市环境氛围。此外，不同的城市功能区夜景色彩具有不同的属性，政治属性空间以庄重、暖色调为主；商业属性空间以色彩鲜明、跳动、LED 闪烁来吸引人气；历史属性空间以暖黄色调为主，辅助其他冷色调进行主景强化。如今许多大城市以夜景闻名，"如北京天安门广场灯光照明光辉明亮，丰富而有层次，并以暖色调为主"[1]。美国著名

1　邓清华．城市色彩探析 [J]．现代城市研究，2002．

的"赌城"——拉斯维加斯的夜景从建筑物到环境构筑物，灯光色彩奢华艳丽、五光十色，呈现夸张的多样化色调、并形成强烈的冷暖色彩对比（图2-3），天津津湾广场夜景以暖色调灯光点亮具有租界文化氛围的建筑，呈现一种异国情调（图2-4）。

图 2-3　拉斯维加斯夜景灯光色彩（彩图见书后）

（图片来源：作者自摄）

图 2-4　天津津湾广场夜景灯光色彩（彩图见书后）

（图片来源：作者自摄）

2.1.3　城市色彩的属性

1. 文化性

在无文字时代，色彩相当于一种语言，不仅是表达人类思想交流的工具，更是文化活动的物化表现。"色彩是一种创造性活动及不断拓展的范式，它还与哲学、音乐学、医学和建筑学等诸多文化分支领域，紧密联系并互动发展，且具有文化个性、科技性、民族性和时代性，正因为色彩对社会有着物质与非物质的双重功能与作用，在整体文化链环中具有不可或缺的性质，它就应该是人类的色彩文化系统"[1]，色彩文化系统非常繁杂，它不仅为我们保留了显性的物质文化遗产，更传承了隐性的非物质文化遗产。

色彩的文化形态是传统文化结构中的重要分支，由社会生活、人文历史、审美范式等通过世世代代的传承积淀而形成，它呈现了不同层次的文化形态，是各个历史时期社会文化的真实写照。"不同的国家和城市，因民族信仰、历史、风土人情的不同而对颜色有不同的偏爱，从而形成风格独特的城市色彩。例如，地中海沿岸城市金黄色的建筑色彩，伊斯兰民族由于宗教文化而形成的绿顶白墙建筑色彩，我国江南水乡白墙黛瓦的城市色彩等。这些符合美学规律的色彩搭配，既是不同民族审美趣味的结晶，也形成了不同的文化传统"[2]。

2. 地域性

城市色彩的地域性特征形成了多样化的城市色彩形态，例如少数民族地区的色彩与地域环境色彩息息相关，并形成各具特色的色彩文化。此外，不同的地域色彩塑造了具有差异性的城市色彩性格，如滨海城市由于地理、气候的影响形成清新、雅致的色彩风格，高原城市则是鲜明的色彩风格等。随着全球化的到来，多元化信息的交流，文化快速交融，使原本相对封闭、独立发展的本土地域色彩特性逐步被弱化、模糊、排斥，在单线进化论的影响下城市色彩风貌逐渐失去地域特色，走向趋同化，形成"千城一色"的现状，因此，营造既符合当代城市发展需求，又富有地域特色的城市色彩风貌成为公认的城市发展愿景。

3. 公众性

城市的主体是人，城市色彩是基于人的需求而形成的，因此，公众是城市色彩感知的体验者，也是创造者。优良的城市色彩首先应当满足公众的生存、视觉、心理、审美等需求，而大众的认知水平、色彩观念意识、色彩偏好也在潜移默化地塑造着城市色彩的形象，在未来城市色彩规划中，应逐步提升公众参与力度，建立"自上而下"与"自下而上"双向引导的城市色彩规划控制模式，从而完善城市色彩规划体系。

2.2 城市色彩基础理论

2.2.1 色彩学

德国化学家 W·奥斯特瓦尔德与美国画家 A·H·孟塞尔是色彩学理论的奠基者，"色彩学是以 20 世纪表色体系和色彩调和理论为基础的，与艺

1　周跃西. 略论建构一个色彩文化学学科 [J]. 宁波大学学报，(人文科学版) 2010. (6)，104-108
2　安平. 城市色彩景观规划研究 [D]. 天津：天津大学建筑学院博士学位论文，2010.

术表现中的色彩应用不同，独立意义上的科学的色彩学（color science）研究主张运用科学方法探讨色彩产生、接受以及应用的规律"[1]，主要是在开普勒奠定的近代实验光学的科学基础之上，综合了心理学、物理学、生理学、心理学、色彩学、艺术理论等学科，其核心基础理论是色彩学。由于色彩、形体是美术形体中的两大构成因素，因此在美术理论中具有重要意义，色彩学的基本内容大体上可按色彩与光、眼睛、感知个体、应用的关系分为色彩属性、色度学、色彩与感知个体、色彩应用等几个部分。

2.2.2　色彩地理学

1960 年，法国现代著名的色彩学家让·菲力普·朗克洛（Jean-PhilippeLenclos）与妻子多米尼克郎克罗共同创立了具有独创性的色彩地理学（LaGeographede LaCouleur），是一门对当代城市色彩研究具有非常重要实践意义的色彩理论学说。让·菲力普·朗克洛立足于地理学与文化学的角度，认为地理位置的差异性导致了城市中建筑色彩的不同，也就是说地域环境与社会文化环境因素共同影响了当地城市建筑环境色彩。

色彩地理学的研究原理是色彩在地域空间中的呈现，将色彩限定在某个地域中，并勘察民居建筑色彩的表现方式，分析、解读影响不同地理环境中人的色彩审美心理变化的内在机制，有利于挖掘地域色彩的独特性，从而为传统色彩与现代建筑色彩搭建对话平台。

它最重要的贡献在于提供了城市色彩实践的方法论。"色彩地理学研究的主要目的是对不同人文地理分区进行建筑色彩特征的选址、分区、调查、测色取样、总结归纳、编制色谱，通过总结色调，并分析得出该区域内居民的色彩审美心理特征"[2]。调研方法主要分为两个阶段，第一阶段是提取色彩景观，第二阶段是对视觉色样的归纳，在此基础上，得出该区域的色彩文化习俗和现代色彩设计依据。

其次，让·菲力普·朗克洛率先提出了保护色彩环境的问题，包括自然环境地貌特征、植物、土壤、材质与社会人文环境风俗民情、传统文化。今日我们看到的稳定、和谐发展的巴黎城市米黄色基调源于 1961 年、1968 年法国巴黎规划部门的色彩调整，也是朗克洛色彩地理学研究成果的直观体现。

让·菲力普·朗克洛是城市色彩研究的鼻祖，对于城市色彩研究成果的贡献体现在以下两方面：首先是色彩地理学的调研方法，为当代城市色彩发展奠定了研究基础，有助于考察分析本土城市色彩现状，提出具有地

1　唐凤鸣 . 重视城市色彩规划 创造和谐宜居城市——以郴州市为例 [J]. 湘南学院学报，2012.

2　安平 . 城市色彩景观规划研究 [D]. 天津：天津大学建筑学院博士学位论文，2010.

域特色的城市色彩规划；其二是从地域特色的角度，倡议注重保护城市色彩环境，并促进色彩设计师职业的细化，产生了色彩设计师的职业，首次成功地进行了城市色彩跨学科研究与推广，至此，城市色彩的学术影响力不断提升。

色彩地理学获得了学术界的广泛认可，对各个地区的城市色彩研究产生深远的影响，并延伸至社会文化学、城市规划、国际流行色等领域。此外，色彩地理学在遵循地域特色的前提下，以对建筑构造最小程度的影响，通过运用现代技术，最大限度地延续传统地域色彩，从而生动地再现了历史建筑风貌，对于传统历史建筑保护、城市旧改建设等具有不可忽视的重要性。

色彩地理学中的建筑色彩调查取样方法一直是城市色彩规划中色彩分析的重要途径，任何科学理论都是动态发展的，不断变化发展的城市色彩现状、色彩地理学虽然是城市色彩发展的基础，但是对于新的时代、新的城市空间形态、新的色彩问题，当实践经验积累足够，我们需要以更加宏观的视角揭示城市色彩发展规律，明晰城市色脉发展方向。

当前城市色彩研究，已经发展到相对稳定的水平，如果研究视野继续停留在地域色彩个体，而忽略城市色彩时空整体性，将导致城市色彩进入缺乏内在发展动力，停滞不前的瓶颈期，最终走向独立、碎片、狭义、片面化，因此，随着时代的变迁，对于城市色彩的研究不应止步于经典理论基础，经过无数次的理论实践之后，应当重视对城市色彩内在规律发展演变机制的把握，目前对于规划方法、不同研究视角的城市色彩探索已经进入了由量变到质变的阶段，因此应在前人的研究基础之上，以极具生命力的文脉系统为介质，对城市色彩进行可持续研究。

2.2.3 色彩心理学

色彩由光产生，不同波长的光经过人类的视觉感官产生各种不同的心理变化。在长期的社会生产实践中，不同地域、时代、民族、年龄、职业背景、教育程度、生活方式的人会形成不同的色彩心理感受、情感共鸣，具有差异性的色彩偏好，从而决定自身的择色观念，建立色彩审美观，这就是色彩多样化的心理语义。色彩心理学以个性心理学的研究为基础，考察色彩与感知个体的关系，主要研究在特定条件下色彩与观者的感受、情感关系的科学。色彩心理是客观世界的主观反映，会因为个体的差异而不同，但是也有一些心理反应是具有共性的，也就是色彩心理方面的共同感情，如温度感、距离感、进退感、体积感、硬度感以及色彩的动与静、明与暗等。色彩心理感觉内容繁多，也有较多延伸意义。把握色彩感觉可以更有效地组织色彩环境，可以通过对色彩的轻重感、明度、色调的构成、色彩数量的多少、色彩面积的大小对环境色彩进行调控。

色彩作为第一视觉语言，能够给人以直观的视觉审美需要，这一点与城市建设活动中营造满足人的心理、精神需求的场所空间不谋而合，而良好的城市色彩氛围不仅需要满足人对城市色彩视觉形象的感知，更重要的是色彩心理感知与精神诉求的吻合，因此，在城市色彩规划中注重运用心理学，有利于彰显城市色彩内涵与场所精神。

2.2.4　艺术符号学

符号学起源于古希腊中哲学研究的辩词概念，哲学的发展延伸了是语义学，从而萌生符号学。因此语义学、符号学、哲学三者互为依存。

符号学最初的研究是运用于语言学科，也是哲学研究的一部分，近代符号学理论涉及研究领域较广，包括语言学、社会学、美学、心理学、艺术、建筑、宗教等，符号学以其多元化、交叉性、综合性、跨学科的研究视野来阐述社会科学、人文学科中相关课题的发展本质、演变规律、内在联系，因此，符号学在当代艺术理论中具有重要意义[1]。现代符号学派划分为语言学与哲学两大派系。

一是瑞士语言学家索绪尔（Saussure，D.F）创建的语言符号学派，也就是我们对"符号"理解的根源，索绪尔明确了"符号"一词的确切含义，即能指和所指的结合体[2]，他将符号解释为一种关系，并提出符号二元关系理论，将"能指"和"所指"与符号的形式与内容对应，能指就是符号的表达形式，所指就是符号形式传达的情感与象征意义。索绪尔的符号二元关系论使人们能够从形式与内容两方面清晰辨认"符号"。

二是美国哲学家、逻辑学家、数学家、实用主义哲学的先驱——皮尔斯（Peirce，C.S）的哲学符号学派，他的符号研究倾向于符号本身的哲学逻辑，促使符号学发展为独立的学科，同时提出了符号的三元关系理论，即符号形体（representamen）、符号对象（object）、符号解释（interpretant）的三元关系[3]，这两位现代符号学理论基础教父提出的二元关系与三元关系，具有一定的实用意义，有利于大众清晰辨识与认知"符号"，不同于索绪尔的是，皮尔斯对于符号的研究更为广义，不仅局限于语言学。在二者学派理论基础上，延伸各个视角，对符号的形式进行深入细致分类的研究各有侧重。

20世纪西方哲学家卡西尔从人类文化哲学的角度提出符号论，研究侧

1　冯钢. 艺术符号学 [M]. 上海：东华大学出版社，2013.

2　黄华新. 符号学论 [M]. 河南：河南人民出版，2004.

3　黄华新. 符号学论 [M]. 河南：河南人民出版，2004.

重于人类学以及文化哲学，对符号形式进行研究，提出"人类的全部文化都是人自身以他自己的符号化活动创造出来的产品，而不是从被动接受实在世界直接给予的事实而来，人的哲学就是文化哲学，人只有在创造文化的活动中才成为真正意义的人，也只有在文化活动中，人才能获得真正的自由，真正的人性就是人无限创造性的活动"[1]。由此可见，卡西尔将人类创造符号的活动视为人类的本质与文化起源发展的本质，进一步将"符号"一般化，涵盖人类文化现象，用符号发展来阐释人类文化发展。

人类漫长的文明进化过程产生了文字、语言等文化系统，当生产活动发展到一定程度时，情感与精神需求促使艺术的产生，包括绘画、舞蹈、音乐，而这些最早产生于图腾文化中的符号，逐渐演变成为艺术符号，艺术符号是符号系统中的高级层面，它不仅是一种表现，也是一种创造和解释[2]，艺术家将自身的素养、艺术经验、视觉审美通过艺术创作用符号来表达客观事物。

美国著名哲学家与美学家苏珊·朗格从艺术、美学与情感心理的角度诠释符号，在卡西尔的人类哲学符号论基础上发展了艺术符号学，是"符号"真正从语言、社会、心理等领域走向艺术迈出的重要一步。苏珊的研究重点在于艺术符号的内涵以及生命奥义，认为艺术符号是人类内心情感的自省，生命结构与艺术结构之间是互通有无的，以艺术符号的直觉意向隐喻表述艺术的感性以及不可言说的情感内涵。苏珊开创了艺术界中的符号学先河，将符号明确划分为推理符号与表象符号，语言符号属于推理符号，艺术符号属于表象符号。艺术符号的创作过程是人类灵魂的最高境界，是将客观事物表象赋予审美体验并将艺术家的内心精神活动转化为物象形式，这种再创造的艺术活动是基于艺术家对客观世界信息表象的获取、提炼，转译为意象，最终表达为艺术形象传递给大众。在传达艺术的过程中，艺术形象包括色彩、形体、信息均传承于后世，因此艺术符号对社会经济发展、历史文化传承具有重要意义，作为艺术、信息、传达媒介，贯穿人类社会文化发展、精神传承的始终。

苏珊·朗格认为语言作为一种推论符号不仅起到表达模糊的意识形态以及文化观念、情感心理，而且通过思维、记忆、逻辑陈述事实整体与事实之间的关系等，更重要的是对事物未来的预测以及推论的作用，"它的组成因素不是词——带有约定俗成的规则和独立的组合符号，只有在作为描绘形式的意义上，它才被堪称是一种语言"[3]。

1　恩斯特·卡西尔，甘阳，译．人论 [M]．上海：上海译文出版社，1997．

2　冯钢．艺术符号学 [M]．上海：东华大学出版社，2013．

3　苏珊·朗格．情感的形式 [M]．刘大基，等译．北京：社会科学出版社，1986：41．

古代中国传统历史中在漫长的玄学的神秘哲学文化形态中，较早就出现了符号的运用，并且蕴含着丰富的传统智慧，运用文字、色彩、器物、猛兽象征祸福、吉凶、等级、权利、禁忌等，经过朴素唯物主义以及经验主义，探索总结自然运行规律，古籍记载了古代符号在社会生活中方方面面的运用，包括宗教、政治、经济、农业、文化生活中无处不在的表达着符号的象征意义。先秦公孙龙的《指物论》中，"言者意之声；书者言之记"[1]是中国对于语言符号最早的论述。传统的五行色彩观不仅包含了国人的色彩归属观、时空观，也体现了对于传统色彩符号的运用，并逐渐从色彩象征到色彩审美装饰功能过渡。

色彩是视觉符号的灵魂，直接影响着艺术符号的表达，而且比造型更有感染力。色彩作为一种视觉符号语言，就像人类用于表达和交流的语言一样，经历漫长的历史发展过程。对于视觉符号的应用，不同国家、不同民族、不同文化、不同宗教积累了各方面不同的内容而形成一种约定俗成的观念。色彩的传递与人们所属的文化理念以及艺术象征手法密不可分，具有不同文化传统和文化心理的民族，其色彩的心理特征和色彩象征符号的应用也不相同。色彩也属于一种符号形式，色彩视觉符号在使用时，首先应当考虑与个人喜好、生活经验密切相关的人类主观情感色彩。情感的传达决定色彩符号的样式，主观色彩符号在象征基础上强化了情感因素，其中不仅包括人们对自然色彩的精神提炼，也体现了社会人文特征，艺术家通过视觉与审美活动，将客观的色彩符号转化重构为主观的精神情感色彩符号。

2.3　新文脉主义理论研究

2.3.1　新文脉主义理论体系

在后现代主义的推动下，旧文脉主义首先引起了国内建筑界的关注，并逐渐风靡城市规划、景观设计等领域，如今已家喻户晓。随着时代的发展，旧文脉理论为城市建设做出了巨大的贡献，但由于始终对文脉的研究未形成深入、明确的系统以及认识的局限性导致对文脉解读的误判与盲点，无法满足当代社会发展需求，因此符合时代的新文脉主义理论应运而生。

新文脉主义理论体系是指对文脉的内涵外延、表达形式、主要特征、功能作用及核心价值取向、演变规律以及实践意义进行深入、立体、全面、系统的研究。通过梳理整合历史文化资源、研究成果、经验借鉴，奠定新文脉基础，深化文脉的时代内涵、发展内涵、生态内涵，探究文脉系统特性，

1　清阮元校刻，十三经注疏 [M] 北京：中华书局，1980：113.

将文脉视为活态的、有机的生命系统，借助生物学中的相关概念，模拟文脉系统内部演变动力机制的运行，并构建了较为完整的文脉理论体系框架。新文脉主义理论相对于旧文脉主义，是用来指导新的建筑、新的城市规划建设、新的城市问题、古今融合等新的城市发展方向的，因此我们需要提升传统文脉理论高度，更新文脉观念意识。

"新文脉主义理论其新意的核心价值应当表现出推动城市文化再生，使城市的现代化建设首先应强调本土的、地域文化的传承及其对文脉现代化的弘扬，使新文脉主义展示城市文化本质特征和城市特色的最高表现"[1]。新文脉主义理论是一个完整的时空体系，对于城市文脉系统具有承上启下的重要意义，对于过去时态的城市文化，既剔除了不符合时代发展的文化因子，又传承了文脉精髓，致力于当代城市文化的探索，简言之，新文脉主义理论是引导城市文化健康、良性循环的基本准则，也是在全球化思潮中重塑中国本土地域特色的重要途径。

"文脉理论内涵及外延的概念体系同时在时间和空间的跨度上表述了文脉的内部结构和外化精神表现；在理论纵深上，它是超越了对文脉概念一般性的表述，在物质和意识两个不同的哲学层面探及了文脉内在的辩证关系；并初步建立起了文脉理论体系完整的经纬结构，对于它的主张和坚持，我们称之为'新文脉主义'"[2]。

城市色脉概念的内涵以及外延在时间、空间维度上城市色脉的新文脉主义以有机、动态、更新的视角来看待文脉的传承，引介文化生态学、生态学等理论研究文脉系统，赋予其新的生命意义，并为其发展注入新鲜血液。新文脉主义理论，致力于传统文化、民族特色精神，保护文化多元化、差异性，生态循环发展，在全球化趋势下，理性主义、精英主义不断侵蚀本土地域特色，使传统文化日益处于弱势地位，城市的文化形态、空间形态整体产生了趋同化问题，因此，提出对文化的本土特色、民族特征的重视，保护文化的多样性、复杂性、差异性，从而构成不断发展的文化生态系统，坚持新文脉主义的核心地位，倡导求同存异的文化生态，尊重文化生态的"内稳态"发展需求。

对文脉主义的坚持，"不仅是传统意义上对语言文字、文学艺术、思维方式、伦理道德、风俗习惯的传承，还涵盖了更为广泛的生活方式、价值体系、宗教信仰、工艺技能、传统习俗等非物质文化遗产，更包括建筑文化、城市文化等巨大的物质文化遗产，这些综合体构成了一个民族完整的文化传统，形成其核心价值观"，在城市、建筑领域中坚持新文脉主义

1　孙俊桥.走向新文脉主义 [D].重庆:重庆大学博士学位论文，2010.
2　孙俊桥.走向新文脉主义 [D].重庆:重庆大学博士学位论文，2010.

方向，就是用文脉的理论体系中的文化时空与文化多样性以及文脉切片等理论模型等逻辑范式构建全新的、具有持久生命力的城市建筑理论框架与内涵，保持了城市理论研究的时空完整性，从而与时俱进，可持续发展。

2.3.2 新文脉主义内涵

文脉（Context）一词，最早源于语言学范畴。它是一个在特定的空间发展起来的历史范畴，其上延下伸包含着极其广泛的内容。从狭义上解释即"一种文化的脉络"[1]，最早传入建筑学中，后逐渐延伸至城市中，如今文脉在城市中的含义已全面更新继承。包含了文脉系统的时空维度中文化基因的深层内涵与逻辑，是文脉研究阶段中质的跃升，对文化体系的研究具有一定的创新、启发意义。

重庆大学孙俊桥博士认为文脉的实质就是一种文化的图底关系，文化底面是城市旧有建筑，历史文化地理、环境信息等，新的建筑传承这些传统信息基因，和谐地融入，不断地积淀文化肌理，生成新的文脉图底关系，表达一种文化基因的承上启下与新旧过渡，传达了鲜活的文化传承关系。新文脉主义理念中对文脉的认识不再停留在新旧的衔接问题，而是将其内涵进行深入立体的挖掘，并揭示文脉的演变规律。

2.3.3 将新文脉主义理论引入城市色彩的重要意义

将新文脉主义理论引入城市色彩具有重要的意义。

第一、城市色彩是城市文脉系统的子系统，"将城市色彩与其所处的社会自然环境、人文环境、意识形态等看作一个整体的生命系统，运用动态的、连续的系统"[2]，置于城市文脉环境中研究，并侧重于城市色彩的文脉内涵以及二者的契合点。脱离了城市文脉的城市色彩就像失去灵魂的生命，无法持久生存，而没有城市色彩的城市文脉也是枯萎、暗淡的，二者互为表里，相辅相成，注重延续城市文脉的核心精神有利于城市色彩的动态、平衡、发展。

第二、文脉、城市色彩与城市色脉共同构成开放、复杂、庞大的有机系统，在外界变化条件下，三者处于动态平衡状态，并保持连续性与协同性。城市色彩系统是文脉体系中的子系统，而城市色脉系统是整个体系中的核心部分，蕴含着丰富的文化关系与城市色彩内涵（图2-6）。因此运用新文脉主义理论研究城市色彩的发展，有利于整体、全面、动态掌握城市色彩。

1 百度
2 侯鑫.基于文化生态学的城市空间理论研究 [D]. 天津：天津大学博士学位论文，2004.

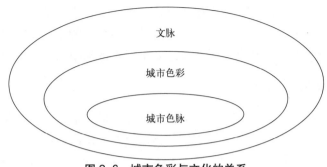

图 2-6 城市色彩与文化的关系
(图片来源：作者自绘)

其次，色彩与文脉都是具有共时性的城市文化遗产，不仅是历史留给我们的活态遗产，同时也存在于当下的时间切片中，二者不同之处是色彩更加直观、显性地存在于城市之中，而文脉需要通过归纳隐性基因来表达自身的形态，是一股隐形而强大的力量，影响着城市风貌的发展，因此深入研究文脉与城市色彩的契合点，有利于挖掘城市色彩系统的内涵以及内在演变规律。

2.4 其他相关理论

2.4.1 地域文化

"地域文化属于文化研究范畴，是指世界上某些地域所拥有的文化，由于地理条件是人类文化发展的载体，所以相同的地理条件下的各国、各民族文化均有其相同或相似的许多方面，如欧洲历史上存在过的以希腊文化与罗马文化为代表的文化，以中日文化为主流的东方文化等都是地域文化"[1]。简而言之，地域文化是立足于空间结构来解读文化的，即不同的地域空间造就了不同的文化形态，形成了具有差异性、独特性的地域文化，我国古代已有地域主义思想，如因地制宜，就是根据不同地区的具体环境条件、制定相对应的措施等。

不同国度、不同种族、不同民族之间的文化形态各不相同，这些差异包括物质层面、制度层面、文化心理层面，如传统文化、民俗风情、礼仪、民间艺术等非物质遗产。由于全球化对当代城市特色的冲击，兴起了"批判的地域主义"，批判是针对全球化对民族文化的排斥，旨在通过对本土文化的保护，强调地方性、民族性特色来规避全球化带来的文

---

1 史仲文，胡晓林主编．冯大彪，孟繁义，庞毅等．本卷主编．中华文化精粹分类辞典·文化精粹分类 [M]．北京：中国国际广播出版社，1998：1.

化趋同效应，在理论以及实践上都具有重要意义，随着本土意识的觉醒，被打上了地域特色烙印的文化形态，与当地的自然环境、历史相吻合，不断传承更新。

2.4.2 人本主义

经历了 14 世纪末的文艺复兴运动，饱受中世纪宗教神学束缚的社会意识形态转向人本主义，以更好地满足资本主义生产方式的需要。

人文一词在中国古代与天文相互对应，是指相对于自然环境、客观规律的社会事宜。由于传统价值观以及社会制度的桎梏，中国古代社会中尊崇天意、神的旨意，忽视人的需求、人的思想、人的价值等。而人文的思想一直为社会政治制度所利用，达到兴国安邦的目的，直到西方科学理论传入，才得以解放思想。与中国古代传统中倾向于社会性质的"人文"不同，西方社会中的"人文"是人本主义的含义，是纯粹对自然人性的崇尚，包括人的精神、人的思维、价值观念等。

早在两千多年前古希腊时期，随着一系列"人道主义"、"人文关怀"、"人性化"等概念的产生，人本主义思想进入萌芽期，文艺复兴运动之后，人本精神开始具有真正的历史革新意义，并解除了基督教神学严酷统治，解放思想、张扬个性，推崇回归现世，从此，新的文化范式诞生。"人是万物的尺度"成为新的世界观、价值观核心，其宗旨是反对基督教神学对人性的束缚与羁绊，强调人本身的价值与尊严。伴随着西方社会历史不断发展，对于人文精神的不断追求，最终形成较为系统的"人本主义"(Humanism)哲学思想理论，打破了中世纪上帝掌控人类一切的世界观的思想桎梏，提出从宗教神灵中释放人性，重视"人"的地位，从而塑造新时代的人生理想与信念，提升肯定了人类创造、改变世界的能力。广义上的人本主义是指立足于"人"本身，研究自然、社会与人之间的关系，不仅具有世界观、价值观、人生观的含义，也具有社会伦理的指导意义。狭义上的人本主义立足于道德准则与伦理规范层面，更注重对人的尊重，人性的关怀，以及生命的发展。人本主义思想的融入激活了城市色彩系统，并使其产生质的跃升，奠定城市色彩规划理论基础的色彩地理学，就是在西方人本主义思想背景下产生的，主要重视人的体验与感受，产生了通过走访、问卷、心理测评来考察统计不同市民对不同城市建筑色彩的印象与心理感知以及色彩偏好，作为城市色彩规划与设计的重要参考因素。

2.4.3 文化生态学

文化生态学（Cultural Ecology）又称做文化景观学，"20 世纪 50 年代在科学主义与人文主义不断分立、抗衡、融合的学术背景下产生的一门新兴学科，由美国文化人类学新进化学派著名学者朱利安·海内斯·斯图尔德（Juliar Haynes Steward 1902-1972）于 1955 年在其理论著作《文化变化理论:多线性变革的方法》(Theory of Culture Change) 中首次明确地提出'文化生态学'的观点"[1]，指出文化生态学在寻求解释特殊文化面貌和模式中不同于使不同地区特征化而不是得出适用于任何文化环境之一般原则的人类和社会生态学[2]。即在地域差异条件下，不同文化物种、文化形态的演化规律特征、运行轨迹、空间分布的研究。文化生态学也是文脉研究中的重要支撑点，包含文化基因、文化物种等概念，文化基因是指在每种文化类型中具有遗传密码功能的遗传单位。文化物种则是指具有相同文化基因的文化类型，它是文化分类的基本单位[3]。文化生态学是在人类文化的形成过程与自然环境、社会环境互相依存，互相融合中取得的一个平衡点，人与环境是互相影响、互相依存的，人类具有改造大自然的力量，同时，大自然也创造影响了人类文明，至此，环境对于人类文明影响的能动性得到很大程度的认可。

"文化生态学是以人类在创造文化的过程中与天然环境及人造环境的相互关系为对象的一门科学，其使命是把握文化生成与文化环境的内在联系"[4]。

对于文化的定义与研究始终较为模糊与不确定，"根据克罗伯（A. L. Kmeber）与克拉克洪（C. Kluckhohn）对 100 多位权威人士的著作分析之后提出的定义，文化是指人的生活环境的一切方面——物质的、社会的与观念的方面——体现在创造物中的文化成就，构成文化基本核心的是传统观念等，由于斯图尔德师承了克罗伯的思想，文化生态学中的'文化'一词取以上的含义更能体现其理论思想的延续性"[5]。

文化与文化生态概念共同构成了文化生态学理论体系，"'文化生态'也称为'文化环境'"[6]，文化生态属于文化，包含自然环境、经济环境、社会组织环境三部分，通过跨学科研究，"以生态学、文化人类学、经济学、文化地理学、城市社会学等学科理论基础，最终形成独立的理论体系框架，成为研究文化景观与生态环境之间的纽带"[7]，为研究文化景观理论奠定理论基础，文化生态学为人类文化的研究提出了重要的方法论，并将文化放入着重探讨文化与环境之间的相关性。

文化生态学由文化基因、文化物种、文化种群链接组成，是解读文脉

1　侯鑫 . 基于文化生态学的城市空间理论研究 [D]. 天津：天津大学博士学位论文，2004.
2　J·H·斯图尔德，玉文华 . 文化生态学的概念和方法 [J]. 世界民族，1988.
3　孙俊桥 . 走向新文脉主义 [D]. 重庆：重庆大学博士学位论文，2010.
4　冯天瑜 . 文化生态学论纲 [J]. 知识工程，1990，4：13-24.
5　侯鑫 . 基于文化生态学的城市空间理论研究 [D]. 天津：天津大学博士学位论文，2004.
6　高建 . 基于文化生态学的深圳城中村改造空间策略研究 [D]. 黑龙江：哈尔滨工业大学硕士论文，2013.
7　侯鑫 . 基于文化生态学的城市空间理论研究 [D]. 天津：天津大学博士学位论文，2004.

演化规律与内在运行机制的理论基础，"文化基因，是指在每种文化类型中具有遗传密码功能的遗传单位，多指各类文化的'原形'与具有的最本质特征"[1]。例如某种习俗观念，传统门神、牌坊、古典园林中的符号元素等都代表一种特殊的文化内涵。

不同学术视野下对文化生态学的研究各有侧重，例如生态学的研究范畴中，将生态学与文化学融合，对于人类文化与周边生存环境的关系，我国古代已经有所关注，并包含在传统朴素唯物主义思想中，古人云："居楚则楚，居越则越，居夏则夏，"以及"孟母三迁"都体现了环境对人类的生活习惯、文化品性有所影响的观点。在天人合一的古代哲学思想下，古代各朝代已设置相关环境保护机构，据《周礼》记载，先秦时代已有保护山林、河湖的政策以及环境保护相关的官职，形成东方传统生态伦理观与传统审美观。

古代西方在以人为中心的核心价值观社会背景下，对于生态自然环境的态度则与东方截然不同，强调对自然的改造、利用、征服，随着人类力量不断强大，对自然环境的破坏日益剧烈，生态问题凸显，并不断恶性循环，人类的生存环境受到威胁，为了应对生态问题，19世纪60年代产生生态学，经历了生物界不断的研究探索发展，在20世纪70年代，生态学研究重心从生物界转向人类社会，研究内容从自然生态系统过渡到人类社会生态系统，通过结合经济学、文化学，产生文化生态学[2]。

在文化地理学研究视野下，以美国文化地理学学者卡尔·奥特温·苏尔（Carl Ortwin Sauer）为代表形成"文化生态学派"，其主要学术贡献一是批判了环境决定论的片面性，忽视了人的能动性，正如H·J·德伯里教授所说："人绝非环境的奴隶，环境亦绝非人之附庸。"[3] 二是对于文化景观与生态环境的研究，"文化地理学关注的是文化现象在时间上的发展演化过程与在空间上的地域布局组合，它的重点研究领域包括文化生态学、文化相继占用、文化冲突论、文化地理模型、文化感觉区（形式文化区）、文化景观学派"[4]，苏尔在西方以改造自然环境为社会背景，将文化生态学与历史地理学结合，批判了一味索取自然，忽略自然能动性的社会，文化生态学的分析方法，其研究范畴同样是文化与生态环境的关系，从系统论角度将文化视为由各种不同文化要素特征组成的复杂、开放的系统，不同的文化系统蕴含不同的文化基因组织。

长久以来，文化生态学伴随着社会科技的发展，渗透在不同领域中，

1 孙俊桥. 走向新文脉主义 [D]. 重庆: 重庆大学博士学位论文，2010.
2 冯天瑜. 文化生态学论纲 [J]. 知识工程，1990，4；13-24.
3 韩永学，王研. 论文化地理学研究的主题 [N]. 哈尔滨学院学报，2002，3；127-132.
4 侯鑫. 基于文化生态学的城市空间理论研究 [D]. 天津: 天津大学博士学位论文，2004.

20 世纪 80 年代文化生态学延伸至心理学中，20 世纪 90 年代，随着信息化革命的开始，文化生态学与信息媒体环境领域结合，成为研究热点之一，继而文化生态学拓展至城市空间、城市文脉、建筑与城市规划中，对于学术研究具有开创意义。因此立足于文化生态层面，有利于深入研究城市色彩的可持续机制。

2.4.4　生态遗传学

生态遗传学（Ecological genetics）是研究生物群体的遗传结构对生存环境及其变化所作反应的遗传学分支学科[1]。主要研究基因的变化、生长等方面的一门学科。生物遗传学的研究范畴较广，包括适应的起源、种群的遗传与变异、进化、突变，基因的重组突变等。生态遗传学广泛应用于农业、林业、野生动植物学科中，随着文化研究视野趋于多元化、动态化、有机化发展，被广泛用于科研规划中的生态遗传学逐渐运用到社会、历史、城市、文脉、文化种群研究中，从而理性剖析文化基因的传承与嬗变，并赋予文化、历史系统生命力。"生物遗传学中的显性基因（Dominant gene）是用来形容一种等位基因，无论是在同质还是异质的情况下，都会影响表现型，则称为显性的，显性基因决定的遗传过程，称为显性遗传；隐性基因（Recessive gene）是支配隐性性状的基因，在二倍体的生物中，纯合状态时能在表型上显示出来，但在杂合状态时就不能显示出来的基因，即只会在该生物的基因型为同质基因型，才会影响到表现型，隐性基因决定的遗传过程，称为隐性遗传，表现为在遗传过程中，某个基因的性状并不表达出来，而有可能'隐藏'于基因内"[2]，本文将城市色彩系统视为有机的类生命体，运用生态遗传学中的显性基因与隐性基因，生动的解析城市色彩基因的演变规律以及运行轨迹，从而预测其发展趋势。

2.4.5　现象学与色彩现象学

现象学（Phenomenology）在希腊文中意为研究客观事物表象、外观的学科，18 世纪法国哲学家兰伯尔以及德国古典哲学家 G.W.F. 黑格尔最早提出"现象学"的一词，但与今日提到的现象学含义不同，在黑格尔《精神现象学》一书中指出意识从自我意识发展到绝对知识的过程，现象学一词也经常出现在伦理学与宗教哲学中，英国的汉密尔顿将现象学用于研究精神、心理学。德国古典哲学家埃德蒙德·胡塞尔（1859—1938）创立了 20 世纪最重要的哲学流派之一——现象学，又称为狭义现象学，胡塞尔本人

1　参考全国科学技术名词审定委员会 . 遗传学名词 [M]. 北京：科学出版社，1990.

2　引自维基百科 http://zh.wikipedia.org

称之为"先验的经验主义"，是当今为大众所熟知的西方哲学流派，主要研究原始意识的本质极其方法论，本质还原、先验还原两种重要的方法论的关系以及特征共同建构了现象学理论体系，从而架构了实证主义与形而上学的桥梁，除胡塞尔现象学之外，其他延伸的哲学思潮构成了广义现象学。

胡塞尔现象学始终致力于本质与直观，包括现象、本质与直觉概念，其中的现象与本质并没有严格区分，现象并非感官经验的直接获取，而是由实体与认知活动意识形态共同构成，本质是更具有普遍性的纯粹现象，直觉是从现象到本质的途径，成为连接二者的桥梁，探索现象中的本质需要借助没有任何前提条件的直觉活动，从而完成"透过现象发现本质"的意识活动。

在这个意识活动中，需要我们去除任何推理、分析、归纳、抽象等科学理论的理性加工以及经验因素，直观、纯粹、悬置地描述原始意识本质现象，即"现象就是本质"，并通过剥离以往的经验、科学理论、自然观念的外衣，排除认识主体以及思维对象的非意识因素的干扰，追求"意识自身的固有存在"，从而描述"日常生活世界"中的意识是如何揭示自身的，即"现象学还原"，现象学打破了客观与主观之间的对立，使二者结合成为直观活动，在纷繁复杂的大千世界中直观、考证、悬置体验本真世界。此后，存在主义哲学家海德格尔延续了胡塞尔的"回归事物本身"现象学理论，开启了存在主义哲学研究领域，萨特、梅洛·庞蒂、伽达默尔等重要哲学家将现象学演绎发展，运用于各自研究领域，深入展开研究。现象学延伸至数学、历史学、美学、社会学、语言学、宗教学、文学理论、建筑学、景观学等学科中，从而影响当代学术、思想界，为哲学界重要组成部分。"广义的建筑现象学是指人们自觉或不自觉地运用现象学方法，对人与环境关系所进行的研究"[1]。现象学对于建筑学的启示在于，不同于其他哲学思想以及理性主义对人的忽略与漠视，而是立足于人的体验与活动，注重对日常生活世界本质，是一种间接的人本主义。在考证事物的抽象、客观事实的同时，不能忽略人类的生存与价值。在城市建设中，强调了人对环境的感知、场所精神的体验，现象学的方法论就是提出一切先前理论与意识通过现象直观发现事物本质，这正与色彩的直观视觉特性相互吻合，因此非常适用于城市色彩领域的研究。例如在城市色彩规划中，仅仅注意到了现存色彩样本，对于看不见的具有传承生命力的色彩予以忽略，造成某些城市空间的失落，色彩基因的断裂。色彩是事物的本初形态，人类最初认识世界万物是通过色彩，其次是形体，色彩赋予万物差异性，我们可以通过直观的视觉感知色彩，感知万物，所谓形形色色。色彩是人类感知世界的重要元素，

---

1 刘先觉 . 现代建筑理论 [M]. 北京：中国建筑工业出版社，1998：109.

意大利现代主义电影导演、艺术家，米开朗基罗·安东尼奥尼（Michelangelo Antonioni）将胡塞尔的现象学思维引入电影中。通过影视作品《红色沙漠》建构了"色彩界现象学"，通过色彩的指示（index）和象征（symbol）两种符号性功能还原本质的真实。色彩现象学的运用成为一种直观本质的现象学哲学方法和美学手段，"虽然人工色彩的表象是虚假的，而在纯粹意识中获得的本质真实，却是通过创造色彩而获得的，构成'视觉感知域'，并赋予'立义项'灵魂，符合人们审美心理真实和精神界的本质真实"[1]。当代的城市色彩研究中，中国美术学院的黄斌斌博士立足于现象学提出"视觉直观方法"，旨在建立城市色彩现实与城市色彩研究之间相互转化的机制，从而使城市色彩现象从直观感受转向理性认知。

2.4.6　城市自组织理论

自从牛顿力学诞生之后，构建了人们对客观世界认知的科学思维范式，并成为经典科学思想。随着人类社会的进化与社会的快速发展，自然与社会中复杂的社会现象使人们不断探索其演化规律，如自然界的生命循环、人类社会的自发形成的过程。

经过 20 年的科学探索形成复杂性科学，包括 20 世纪 60 年末伊里亚·普里高津提出的阐述自组织形成背景以及条件的耗散结构理论，70 年代哈肯提出以研究自组织内在发展机制为主要内容的协同学，托姆提出侧重于研究自组织演变途径的突变理论，艾根提出的超循环理论，呈现展示了自组织演化形式以及裂变重组发展的过程，曼德布罗特的分形理论、混沌理论、沙堆理论等关于复杂系统演变的理论。复杂性科学注重自然与社会中复杂系统内部在非线性动力学作用下形成的自适应、自平衡、自组织机制。从科学的角度描述复杂系统内部演化的影响因素、循环发展形式，并归纳多样、复杂的客观世界以及人类社会从分散到聚变、从低级到高级、从混沌到秩序，循序往返的运行规律以及周期，自然生物的进化、社会聚落的形成。

人们对自组织理论的兴趣源于经典物理现象——"贝纳德花纹"（图 2-7）的形成过程。将液体放置于平底容器底部，沸腾前，底部温度较上部高，当两板之间温差超过临界值，液体产生对流从而产生规则的六角形蜂窝状花纹，生动地描述了开放系统中能量自发转化的过程以及最终形态，创造性地达成了非平衡的、非线性的新秩序、新结构。"以系统自组织理论为核心的世界自然科学成果，逐渐形成了统一的系统学，探索了复杂性的科学新方向，锻造着新的自然图景，并延伸到自然科学、社会科学

1　张红军. 色彩界现象还原——安东尼奥尼影片现象学思维与《红色沙漠》(1964) 色彩解读 [J]. 当代电影，2007，11.

的众多领域，成为当代知识和实践领域关注的热点"[1]，如果说牛顿力学将客观世界的运行规律简化为单一、具有规律的物体运动，那么自组织理论则为我们开启了认知复杂开放系统的大门，使科学从机械化走向有机化、人文化、社会化，开创了科学与人文、复杂与简化统一发展的新的世界观，成为自然科学与人文科学联系的纽带。

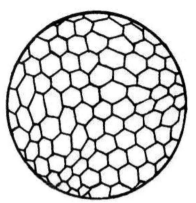

图2-7　贝纳德花纹
（资料来源：百度百科）

目前获得公认的是协同学的创始人哈肯为自组织下过的定义："如果系统在获得空间的、时间的，或功能的结构过程中，没有外界的特定干扰，则系统是自组织的，这里的'特定'一词是指系统的结构和功能，并非外界强加给系统的，而且外界是以非特定的方式作用于系统的"[2]，正如哈肯对自组织的通俗释义："比如说有一群工人，如果没有外部命令，而是靠某种相互默契，工人们协同工作，各尽职责来生产产品，我们把这种过程称为自组织。"[3]

系统论认为"自组织"是一个自发形成的开放系统，从简单走向复杂，从低级越向高级，从无序走向秩序，从量变走向质变，进化论将"自组织"视为类生命体系统，遵循自然界中的"遗传"、"变异"、"优胜劣汰"等内在生物机制进行组织结构的自我修复、自我适应、自我更新的有机过程。

自组织是复杂性理论中的一个分支，在特定机制运行下，看似无序繁杂的微观细胞在偶然性过程中呈现出宏观组织的有序状态。是一种由细胞走向组织，由量变走向质变的过程，而这个过程中主要由系统内部自组织力量引导，系统外部力量通过相关媒介间接影响内部要素变化，从而使系统突变、渐变，从低级、无序、混沌走向高级、有序、平衡，因此自组织是随机、偶然、不稳定、非线性的，而这正与城市发展模式相互吻合。自组织理论广泛应用于各类学科，随着城市化问题日益加重，自组织理论广泛应用于城市规划与城市地理领域中。

城市是具有开放性、复杂性的有机系统，是典型的自组织系统，其内部要素、信息、能量时刻进行着转化、重构、变异、渐变等活动。依据自组织定义将城市自组织界定为在没有外部力量作用下，城市系统内部元素在内在

1　曾国屏. 自组织的自然观 [M]. 北京：北京大学出版社，1996：81.

2　H. 哈肯. 协同学引论 [M]. 北京：原子能出版社，1984：241.

3　H. Haken, INFORMATION AND SELF-ORGANIZATION: A MACROSCOPIC APPROACH TO COMPLEX SYSTEM[J]. Springer-Verlag, 1988：11.

机制的作用下，自发形成、自发重组、自发协调形成具有活力且有秩序的城市形态，城市由原始部落进化成为今日巨型都市群，是在一种自发的隐性力量控制下有序生长、自我调节、自我适应，而非他组织力量所决定。

城市外部他组织力量就是人为规划的城市蓝图，而城市发展的过程，最终由城市系统内部因素以及内部自组织动力机制决定，并引导城市增殖、演替、循环过程及最终构型，外部力量对城市系统的影响只是加速、催化、干扰内部要素的生长过程。其发展过程呈现自下而上、由内而外、从部分到整体的趋势，具有自发性、临界性、历时性、开放性、不确定性、非线性、非平衡性，多样性等特性。

自组织城市理论包括艾伦及其合作者创建的耗散城市（Dissipative Cities）、卫里奇、哈肯、波图戈里及其合作者创立创建的协同城市（Synergetic Cities）、邓德里诺等人创建的混沌城市（Chaotic Cities）、班迪、隆雷、弗兰克豪斯创建的分形城市（Fractal Cities）、库柯勒里及其合作者创建的细胞城市（Cellular Cities,）、班迪及其合作者创建的沙堆城市（Sandpile Cities）以及波图戈里及其合作者创建的 FACS 和 IRN 城市。

随着大规模城市建设，城市问题凸现，其根源是城市规划中的他组织力量过多干扰城市自组织过程，使城市"内稳态"趋于紊乱，因此城市中已被忽视的自组织力量逐渐重回人们视线。

自组织城市（Self-organizing Cities）思想和理论体系逐渐成熟完善，国外城市规划学界也提出了自组织规划（self-organizing planning）理念，自组织城市理念带领城市规划进入了革新时代，而在今天亚洲拥挤型城市景观呈现曼哈顿拼贴状，自组织城市理念无论对于城市规划还是城市色彩的发展都具有重要意义，并对传统城市规划思想形成较大冲击，自组织城市思想对于当代旧城更新等亟待解决的问题具有指导意义。城市色彩也是一个开放复杂的系统，具备自组织系统的相关特征，同样具有强大隐性的自组织力量，城市自组织理论研究城市色彩系统内部演变运动以及演变机制的关键点，具有重要的现实指导意义。

2.4.7　无意识理论

"无意识"（Unconsciousness）思想早已存在于古代西方社会中，起初是由哲学家柏拉图从客观唯心主义角度提出来，18 世纪初期，德国哲学家莱布尼茨继续沿着唯心主义路线将其发展。19 世纪早期联想主义心理学家 J.F. 赫尔巴特对"无意识"产生兴趣，并将其作为基础研究，引入近代心理学中。在莱布尼茨无意识研究基础上，提出"意识阈限"概念，即意识与无意识之间存在临界线，当一种观念与现有意识趋同时，即可上升至意识领域，并被觉察，当与现有意识相左，则被排斥压抑，脱离意识领域，下降至阈限下的无意识领域，但没有消失，由于人的心理、思想活动不断变化，具有动态属性，因此当受到新的刺激之后，无意识将有可能被激活，越过临界线，上升至意识领域中。心理物理学创始人 G.T. 费希纳的无意识思想也运用了阈限概念，将心理比作冰山，只露出水面一小部分，而冰山下隐藏着巨大的能量却未被察觉，这些观念影响了后来弗洛伊德精神学说中的无意识。

19 世纪末至 20 世纪初对于无意识问题的研究逐渐从心理学领域延伸至精神学中，西格蒙德·弗洛伊德首次对"无意识"概念进行了系统解读，20 世纪以来，无意识理论的研究经过充分发展，形成三大研究成果，包括弗洛伊德的"个人无意识"；荣格的"集体无意识"以及埃里希·弗洛姆的"社会无意识"。弗洛伊德的无意识理论立足于个人情感、欲望等生物本能，他的精神分析理论中将精神生活划分为意识、潜意识和无意识三部分，并且重视意识背后隐藏的无意识能量，认为无意识活动是人的精神活动运行的内在动力机制，对意识活动具有主导作用，如梦境、内心深处的恐惧、被压抑的欲望等。

中国古代《黄帝内经》中已经有关于无意识、意识、潜意识的描述，从人的内心世界，以及人对宇宙的认识出发，并结合传统五行论，论述了"心"的含义，包括心、神志、情志、思维四个层次。

瑞士心理学家荣格在弗洛伊德的个体无意识基础上，深入挖掘溯源，提出了集体无意识，集体无意识是一种典型的心理学，是荣格思想的核心理论。荣格认为集体无意识是人类与生俱来的，是无意识中的最深层结构，是远祖生命痕迹、经验，遗存浓缩在某一种族人类大脑中，经过代代相传的心理积淀物。类似于本能的民族心理，李泽厚将这种深层的种族文化精神称为文化积淀。荣格强调集体无意识相对于被压抑和隐藏的个体无意识体验更具有遗传性与根源性，并认为个体无意识的欲望、情感与观念均源自于深层次的集体无意识。我们可以通过冰山理论直观反映意识、个体无意识、集体无意识三者之间的关系，露出水面部分代表可察觉的意识，隐藏在冰山之下，时而露出水面的部分代表个体无意识，而深海中承载冰山的海床基底则是集体无意识，由此可见，先天遗传积淀的"集体无意识"是个体无意识产生的基础，无处不在，作为一种隐形的秩序影响着人类的行为与社会生活。表现在对某件事物的群体化追求的心理，如当你置身于比赛球场上、演唱会上等大众场合中，球星射门成功或者明星演唱会高潮会激发大众都站起来欢呼的事件，每个人都不约而同地站起来，如果有人没有站起来欢呼，连自己都觉得是异类，这就是集体无意识最明显的表达。类似的现象还有浙北海盐澉浦一带仍沿袭着吃早烧这种奇特的饮酒风俗，清晨，人们已经在老街上的小店里喝黄酒、吃羊肉，互相传播新闻、农事，呈现出热闹的老街风貌，如今很多周边的游客慕名前来吃早烧，在有限的空间内，特定的时间段，自发形成了浙北老街特有的市井文化景观。山城重庆的老街巷由各色茶馆、棋牌、麻将摊、商铺组成，历经几十余年，承载着丰富的社会公共生活，成为人们物质、文化、信息的交换地，积淀了深厚的传统市井文化，形成了慢节奏生活气息而在北方城市，街头巷尾随处可见象棋摊、剃头摊、修鞋摊、水果摊、早餐点等日常生活流动空间，并成为一种街头文化景观。这些空间是基于居民集体无意识的自身需求而自发形成的社会生活交往空间。亚洲拥挤型大都市中个体对于逼仄空间的灵活利用也是一种集体无意识的行为，例如香港中环，形成了具有亚洲特色的拼贴城市空间形态；在东南亚城市曼谷，由于经济贸易需求，渔民、商贩、小手工业者集体自发形成了水上市场已成为独具特色的东南亚文化，流动的伞下空间，船只构筑了生动的市井生活景观，它们自发地从聚合到分散，不断循环着，并以流动、临时的方式完成整个供需过程，城市生活中还有更多的社会现象体现了社会集体意识。

弗洛姆在继承弗洛伊德的无意识理论基础之上，结合马克思主义研究成果，将研究范畴从生物个体扩展至社会，深入发展无意识理论，在《在幻想锁链的被岸》（1962）一书中提出社会无意识理论（Social unconscious），意指在一个特定社会有效运转的时候，其中有些领域被压抑着，是不允许它的成员意识到的，这些领域就处于"社会的无意识"层次，它是连接经济基础和上层建筑的纽带[1]，并回答了生产方式、社会结构如何影响人的意识的问题，即提出"社会过滤器"概念，与莱布尼茨的"意识阈限"相似，却更具有社会活力，即任何经验是否被感知认可成为意识或是压抑成为无意识都需要一个"阈限"，而这个"阈限"不再是个体无意识中的生物本能，而是"社会过滤"的作用，那些不被社会承认的，受到限制的经验成为社会无意识。社会过滤器主要有三种途径：语言过滤、逻辑过滤与社会禁忌过滤，其中社会禁忌过滤器最为重要，那些被禁止的、不符合社会发展的、违背伦理道德的思想观念遭到排斥、过滤，成为社会无意识。例如新加坡严峻的鞭刑使其成为最为安全的国度。因此社会法律禁忌的违法犯罪使人们赶到心理恐惧，从而遵纪守法。弗洛姆社会无意识思维在古代中国传统社会已有，但是未形成系统理论体系，例如传统色彩——五色体系，就是通过古代封建社会中森严的等级制度，对天、神的心理惧怕，形成的社会禁忌、民间习俗过滤而成的。社会无意识不仅延伸了无意识的研究领域，而且提升了理论高度，成为无意识理论研究中的里程碑。城市色彩意识形态系统的研究，需要引介集体无意识理论以及社会无意识理论。

1　李鹏程. 当代西方文化研究新词典 [M]. 长春：吉林人民出版社，2003：272.

第3章 城市色脉理论建构

"倘若我们用理性化来表示感知色彩系统诸要素之间结构关系的理解，那么，我们必须承认自己尚处在开始阶段。这就要求用一种真正的开拓精神来打破色彩理论的未开化性。"——鲁道夫·阿恩海姆

3.1 城市色脉的概念内涵

3.1.1 城市的概念

《辞源》中将城市定义为人口稠密、工商业经济发达的地方。随着人类文明社会的成熟，由最初的居无定所到群体庇护，逐渐产生原始聚落，经过人类长期的社会实践与生产活动的探索，产生了城市这一事物，而并非规划设计引导的结果。我国古代对原始城市形态的定义是将具有对外防卫功能的"城"与具有交易买卖功能的"市"结合而成的地域。城市的形成主要有两种方式，一种是由人类生存需要、交易发展聚集的市场形成的城市，另一种是具有特殊功能而兴起的城市。如因军事、边塞要地而聚集人口，从而发展市场交易等活动，本质上都是人类自发聚集交易的活动。城市的本质就是由于不同原因的人类聚集，我们时常感叹于庞大的城市构型，其实，这种构型起源于人类自身的活动，由个体发展到群体再到巨大城市网络，城市的主体——人类的活动，促使城市空间具有了延续不断的活力，只有建筑城镇空间，没有居民只能是座空城，是人的活动使城市中的各要素互相聚集、互相作用、互相置换。在城市规划学、地理学、社会学中对于城市的定义中也都含有人口稠密、聚集的含义。

对于城市的定义，不同学术领域有不同的侧重点。

凯文林奇认为："城市可以被看作是一个故事、一个反映人群关系的图示、一个整体分散并存的空间、一个物质作用的领域、一个相关决策的系列或者一个充满矛盾的领域。"[1]

城市经济学家 K·J·巴顿（K.J.Button）认为："城市是一个坐落在有限空间内各种城市经济学家地区内的各种经济市场住房、劳动力、土地、

---

1 凯文·林奇著. 林庆怡，陈朝晖，邓华译. 城市形态 [M]. 北京：华夏出版社，2001.

运输等相互交织在一起的网状系统。"[1]

美国社会哲学家，刘易斯·芒福德（Lewis Mumford）指出："古代城市在形成的时候，把人类社会生活的许多分散的机构集中在一起，并围困在城墙之内，促进它们的相互作用和融合过程……而新的城市综合体又能促使人类创造能力向各个方向蓬勃发展，城市有效地动员人力……克服空间和时间的阻隔，加强了社会交往。"[2]

建筑师伊丽尔·沙里宁认为城市的发展演变过程同自然界中的生物体的有机新陈代谢过程类似，因此，我们可以将其视为人的生命体进行研究。

从复杂性科学来说，城市是一个复杂、开放的生命体系统，在物质与意识层面都具有生命延续的基因特征。系统中各要素相互作用，在城市自发生长过程中，优胜劣汰与竞争协同的内在动力机制无时无刻不进行着物质元素、信息能量的交换。

城市中包含着某个时空与地域中特有的文化形态，因此，从城市生命体系统中探索文脉引导下的城市色彩生长、发展、有机、演变的本质，并基于城市文脉动态演化机制提出城市色脉体系的建构策略，分别从宏观、中观、微观层面探讨城市色彩内在演变机制。

3.1.2　城市文脉的概念

"城市文脉是一个城市诞生和演进过程中形成的生活方式以及不同阶段留存下的历史印记，文脉是城市特质的组成部分，是城市彼此区分的重要标志"[3]。

文脉系统是一个整体、有机活态的系统，涵盖了城市的过去时态、现在时态、将来时态的历史积淀与真实的社会生活形态，是城市的精神灵魂以及传统文化的载体，我们应当充分梳理文脉脉络、剖析文脉演变机制，积极主动传承延续，最大限度地实现文脉的价值。

3.1.3　城市色脉的概念

"色脉"最早由国内著名色彩专家于西蔓提出，她提出在研究城市色彩之前，首先应对城市的"色脉"进行提取，其中所指的"色脉"包括地理环境、人文环境色彩，主要指土壤、地貌的颜色，由此可见，于西蔓在城市色彩规划中，将色脉视为一种考察因素，主要是对自然、社会人文、历史文脉环境中的色彩基因进行收集。随着学术研究的不断发展，东南大

1　K，J 巴顿 . 城市经济学 [M]. 北京：商务出版社，1981：14.

2　刘易斯·芒福德著 . 城市发展史——起源、演变和前景 [M]. 宋俊岭，倪文彦译 . 北京：中国建筑工业出版社，2005：22.

3　程俊 . 杭州典型密集型居住形式研究 [D]. 浙江：浙江大学硕士学位论文，2010.

学的王玮博士进一步发展了"色脉"的含义，他认为"城市色彩文脉是指现存城市环境中诸要素的色彩表现及其逻辑关系的总和，它通常应当是城市色彩规划的背景和出发点"[1]。

色彩是文脉系统研究中的子系统，二者有着密不可分的联系。对于色彩与文脉延续之间的关系，当前国内学术界已有共识，并将其广泛运用于当代城市色彩规划研究中，但由于长期以来，研究视角多基于浅显的表面现象，研究方法较为单一，形成局限性认识与盲区所致的误读。城市色彩与文脉的联系仅仅以文字图片描述的形式出现在城市色彩规划文本中，作为城市色彩规划实践的研究背景与参考意向。久而久之，导致城市色彩研究深度不足，呈现浅显、空泛之态，缺乏深入、立体、全面、系统的研究，并且忽略了城市色彩与文脉的真正契合点，使城市色彩与文脉延续之间的联系逐渐被形式化、表面化、空泛化，而基于历史文脉延续的城市色彩发展也成为一句口号。

随着文脉的理念传入国内，从建筑学影响到城市规划学领域，如今已延伸至城市中的方方面面，针对当前新的城市建设背景、新的城市色彩问题、新的文脉形态以及新的时代发展需求，从城市文脉延续的角度出发，将城市色彩理论基础与文脉系统结合，并引介新文脉主义理论，结合生物学、社会学、城市自组织理论等跨学科成熟理论，通过归纳、创新、整合传统城市色彩的研究成果，提出具有时代意义的城市色脉概念，城市色脉系统中不仅是城市中现存的地理环境、人文环境的色彩基因、色彩表现以及色彩逻辑关系，也是通过时间纵轴、空间横轴积淀形成一种持久的、有内涵、有生命、有传承、有发展的城市色脉网络，这个网络包含由时间纵轴与空间横轴构成的色彩时空框架以及城市色脉时态、城市文脉形态、城市空间形态三个界面，形成三位一体多元化综合发展，并试图从全新的研究视角探究城市色彩内在演变机制，完善城市色彩理论体系，从而构建稳定的城市色彩生态秩序，维护其"内稳态"。

融入更多有机、系统、整体因素的城市色脉概念相较之前的含义有了更新的内涵以及更深的外延，将城市色脉视为一个动态、发展的具有时空性、临界性、整体性、复杂性等属性，并不断循环、演替的类生命体，对城市色脉系统的内在构成与演变机制进行探讨，对城市色彩进行全面、系统、深入的研究，从而强化城市色彩研究的整体性、时空性、全景性特征。城市色脉是一个具有强大隐形力量的复杂系统，潜移默化地影响着城市色彩的发展。

1　王玮，凌继尧. 当代城市环境中的色彩文脉分析 [J]. 美与时代（上），2011，07：65-69.

3.2 城市色脉的外延

3.2.1 城市色彩基因组织

将城市色彩视为具有生命活力的有机、开放系统，运用生物学中的显性基因与隐性基因概念解读城市色彩系统，从而解读城市色彩演变发展的内在动力机制。

城市色彩的显性基因是指能够被视觉感知的色彩形象、色彩符号等。而城市色彩的隐性基因是不能被视觉感知的，需要透过城市色彩现象，发现内在演变的本质与规律，包括具有发展内涵的色彩观念意识、社会生活状态以及传统、本土色彩文化形态等因素的色彩基因。过多的注重城市色彩的视觉表象与符号而忽略其本质内涵的隐性基因，必将导致城市色彩发展平面化、表皮化、碎片化。因此，在城市色彩研究中，将城市色彩的显性基因与隐性基因有机结合，掌握城市色彩内在演变规律，推进城市色彩的有机发展，对未来城市色彩规划建设具有重要意义。

3.2.2 城市色脉时空框架

城市色脉时空框架（图 3-1）是"城市色脉"概念的外延，是解读城市色彩构成的时间、空间经纬线，由于城市色彩在不同的地域空间、时间轴线上呈现不同的色脉特征与表现形态，因此城市色脉具有多样性。城市色彩在地域空间中阐释了色彩的地理分布状况，在时间轴上是变化发展的，体现了连续性、整体性，动态性。将城市色彩统一在横向与纵向坐标中，构成城市色彩时空框架，有利于宏观把控城市色彩演变趋势。

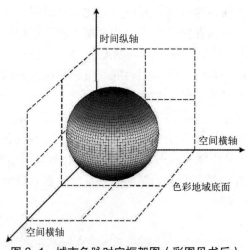

图 3-1 城市色脉时空框架图（彩图见书后）

(图片来源：作者自绘)

目前对于城市色彩的研究，多集中在城市色彩规划方法层面，随着城市色彩问题逐步得到控制，对城市色彩发展的认识存在局限性与盲区，使城市色彩的研究片面化、静态化，平面化。忽略过去、未来时空的城市色彩研究以及不同时空内城市色彩延续与过渡的问题，仅仅以文字图片描述为主。新时期的城市色彩研究应注重揭示色彩演变规律，对城市色彩时空进行整体全面研究，从而展望城市色彩时空全景化、模型化时代。地域研究范围扩大化，对于城市色彩规划局限于历史文化积淀深厚的城市，新兴城市的城市色彩则未受到重视，城市色脉系统中的现在时态部分研究成果趋于饱和，而城市色彩的过去时态以及将来时态基本处于空白，而色彩时空框架为色彩数据的过去时态、现在时态、将来时态提供了一个整合统筹的平台，当今的问题是对于色彩的时空性的忽略。

首先我们认识到城市色彩的趋同性，其次是对共识性有两方面的认识，其一是动态发展的有机性，其二是目前的城市色彩的研究将时间段局限于当前，色彩的研究成果我们可以发现，对于不同区域、同一时间中的城市色彩研究不胜其数，包括操作方法、操作法规、技术分析等，从而使城市色彩研究走向封闭，本文注重将城市色彩的过去式、现在式、未来式融为一体，统一在城市色彩时空模型框架中。

3.2.3 城市色脉网络构成

首先，目前由于城市色彩研究视角、研究方法的局限性，使城市色脉研究呈现片面化、碎片化、平面化等问题，并进入研究瓶颈期。因此，将网络的观念引入城市色脉系统中。随着信息化时代的到来，在复杂系统学术背景下，传媒学、社会学、生物遗传学、人类学、信息技术学科之间跨学科结合，形成了具有新时代意义的认知范式——"网络"，即将数据资源整合共享，交叉联系复用，使系统与系统之间建立联系，将这种思维范式运用于城市中，宏观分析城市空间中繁杂的数据信息，掌握城市各个方面的发展趋势。其次，城市空间逐步走向整合发展的趋势，城市群、城市带、巨型城市群不断兴起，带动城市个体走向城市群体网络的协同发展，基于以上时代发展的需求，驱使城市色彩走向网络化发展，即将不同时间区间内、不同地域空间内的城市色脉整合，形成以城市色彩时空框架为三维基面，包括城市时态、城市空间形态、城市文脉形态、城市色彩形态的城市色脉网络，构建城市色彩信息资源共享平台，全面、立体挖掘城市色彩体系。

具体的城市色脉构建方法首先在城市色脉时空框架中，整合城市色彩信息，梳理城市色彩关系，运用图底关系理论以及分层的方法分析城市色彩现状，并基于色彩地域底面，归纳"城市色脉"的整体特征，其次在色彩地域底面上，现阶段重点保护传承的城市色彩主基调是"图"，具有隐性秩序的整体色彩发展脉络现状是"底"，只注重传统重点色主基调的确立，解决当前的城市色彩问题，而忽略整体色彩关系，将导致城市色彩片面发展，失去活力，停滞不前，因此注重对城市色彩"底"的保护，包括自然、人文、意识形态等因素的重构与更新，深入立体挖掘城市色脉中的隐性基因等，避免城市色彩研究走向片面化、碎片化、孤立化。

协调发展的色彩地域底面是建立城市色脉网络的重要基础，在色彩地域底面的空间基础上，结合纵向的时间维度进行分析，通过将不同时间段的色彩地域底面层层叠加、重合、过滤，筛选城市色彩基因，从立体的时空秩序中，挖掘城市色脉。

1. 城市时态

城市色脉的时态分别从宏观与微观两个层面来阐述。宏观的城市色彩时态是指历史长河中的朝代更迭、古今演替等社会变革的时间段，微观时态包括一天中的朝升夕落的时态变化。在不同的时态变化中，宏观的社会、自然地理、人文环境发生改变，城市色脉的形态也随之改变，只是时间跨度越大，变化的复杂程度、变化的幅度越大，其中基因组织的新陈代谢经过代代基因生长、变异，重组形成了丰富的色脉系统，而微观层面的时态中，城市色脉中的社会自然环境在短时间内不会发生较大改变，而一天之内的气象指数、日照、云层，雾霾等将影响城市色彩短时间内的变化。

而目前的城市色彩时态研究将视野集中于城市色彩的现在时态（图3-2），研究成果包括城市色谱、城市色彩导则、数据库等成果，而对于城市色彩的过去时态与未来时态的研究成果，仅有史料图片以及相关文字描述，缺乏深入理性的研究，不利于未来城市色彩系统的积淀与健康成长。

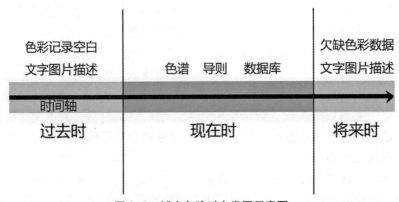

图 3-2　城市色脉时态发展示意图

（图片来源：作者自绘）

2. 城市空间形态

在城市化进程中，不同功能属性的城市空间不断裂变、延伸、重组、交融，演替形成具有差异性的城市空间形态，而城市色彩附着于不同密度、布局、形态的城市空间结构中，逐步积淀为城市色脉形态，因此，城市空间形态是构建城市色脉网络的横向基底，也是城市色脉宏观意向的物质载体，集中或者分散的城市空间形态，一方面构成了不同的城市色脉基底，另一方面引导了城市空间中的社会生活状态以及色彩观念意识发展，从而影响城市色彩风貌。

3. 城市文脉形态

1）延续

"延续是文脉发展一种健康的运动过程，这个过程的实质是对被表达出的精英文脉要素（文化基因，也就是主要的、健康的文化精神和相应的载体）的延续"，当文脉系统未受到外来文化的侵入时，文脉结构中的主流信息、能量继续进行积淀、强化等活动，并在城市空间中不断延伸、蔓延，最终形成具有城市特色的文脉系统。

2）断裂

当文脉系统由于异质基因的介入而引起强烈振荡，而振荡幅度超出文脉系统自身的承载范围时，产生极端现象，即文脉的断裂活动，文脉的断裂主要分为两类，一类是自然力量形成的断裂，这是我们无法预见与避免的，例如，地质灾害、气象灾害等，对于人类文明的毁灭，导致了文脉的断裂。第二类是人类对于文脉系统的干扰与影响，当前城市建设中，在城市他组织等外力作用下，传统文脉被人为地强行阻断，导致城市文脉系统的紊乱，失去平衡。对比人为力量、自然力量对于文脉的影响，前者是主动断裂，后者是被动断裂；前者由于观念意识，产生微观量变，继而走向宏观质变，对文脉系统的影响非常深远，例如，在城市旧改中，人们对于老城、旧城中的传统文化、生活痕迹等活态文脉，予以排斥的思想意识就是一种根源性的文脉断裂；后者是自然力量的偶然突变，当文脉的物化载体被毁灭时，文脉的观念意识仍延续发展，例如，拥有众多历史文化遗产古迹的尼泊尔遭遇了强烈的地震灾害，承载着深厚的历史积淀的文物建筑大部分坍塌，但是人们对于历史建筑物的遗迹，仍心存敬畏，深刻缅怀，对于文脉的敬仰与传承的精神具有更高层次的意义。

3）融合

融合是多元化发展过程中的良性结果，在异质文脉侵入本土文脉的初期，对于占据主导地位的本土文脉并不构成威胁，当异质文脉基因强大到足以与传统本土文脉抗衡时，二者产生碰撞并不断拉锯，最终寻求包容、融合之路，相互结合，形成新的文脉形态，例如天津的租界文化与本土文化的结合，形成了当前具有中西合璧特色的城市色彩风貌，因此，多样化是保持文脉活力的重要因素。

4. 城市色彩形态

城市色彩的物质形态与意识形态共同构成是了完整的城市色彩形态。城市色彩形态中的物质形态与意识形态互为依存（图 3-3），物质形态是指视觉感知到的城市色彩包括明度、色相、纯度等因素，我们能够通过量化方法来描述城市色彩的物质形态，包括城市色彩的面积、搭配等，而色彩的意识形态是经过时间、历史积淀形成的色彩观念意识，包括用色偏好、色彩寓意，对环境的适应程度等。

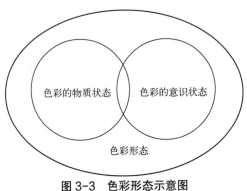

图 3-3　色彩形态示意图
（图片来源：作者自绘）

3.3　城市色脉的影响因素

借助生态遗传学中的显性基因与隐性基因概念，对城市色脉的影响因素进行研究，分为显性影响因素与隐性影响因素，城市色脉的表现形态从生态遗传学的角度来讲，包括显性表达与隐性表达两种，城市色脉的显性表达中包括显性影响因素——自然环境，但自然环境并非决定最终的城市色彩构型，而是起到基底的结构作用，是城市色彩结构中最深层的基因，综上所述，城市色脉的影响因素主要由自然环境、社会环境、工艺技术，意识形态四个层面决定。

3.3.1　自然环境

城市自然环境包括地域气候、土壤、水文、植被，地貌等可见的显性因子，其中土壤是城市色脉含义最为表象的主导因素，首先，土壤色彩是城市、建筑、环境最不可忽视的背景色彩；其次，质朴的土壤直接决定了城市色彩的底色。不同的自然环境造就了丰富多彩的地域文化，从而为多样化的城市文脉奠定了基础，而城市色彩是城市文脉的显性构成因素之一，因此，自然环境也决定了城市色彩的底蕴，并最终形成具有地域特色的城市风貌。例如，在中国古代封建社会时期，由于生产力不发达、工艺技术、水平较低，在"天人合一"的主流哲学思潮下，城市空间对地理环境存在较强的依赖性，地貌地形、土壤色泽、河流山川、纬度气候均决定了建筑的形制、建筑材质，建筑风格以及建筑色彩。随着全球化的袭来，现代理性主义、消费主义、精英至上意识逐步主导了城市的发展，自然环境已经被忽略，甚至被遗忘，城市色彩基因逐渐变异，随着自然环境、人文环境的变化，城市色脉格局经历了形成、变异、重构、更新的过程，但自然环境色彩基因一直存在于城市色彩发展中，始终是城市色彩形成的重要因素。

地貌特征是自然环境色彩中的基本要素，沟壑纵横的黄土高原、黄河流域，建筑以就地取材的窑洞为主，自然与人工环境色彩融为一体；福建岭南地区形成以红土为主要建筑材质的土楼建筑，人类环境与土壤环境色彩和谐统一，呈现稳定、厚重，质朴的城市风貌。所谓"一方水土养育一方人"自然环境不仅决定城市底色，同时潜移默化地影响了当地原住民对色彩的认知、择色的偏好、色彩搭配等，并成为社会集体无意识行为，世世代代传承。因此，在城市色彩发展中，应当尊重自然环境，营造与其和谐共生、具有活力的城市色彩，将城市色彩视觉形象转化为具有内涵的、有价值的城市资源，从而营造城市特色风貌，树立城市品牌形象。

例如，位于法国南部的吕贝隆山区的红土城，以盛产赭石闻名，如今小城的城市色彩以独特的地质色彩为主，外部整体为赭石色，城内色彩却五颜六色，层次丰富（图3-4），自然环境色彩与人工建筑环境色彩融为一体，多元而统一，形成热情、浓重的城市色彩氛围，并吸引了众多游人前往，

图 3-4　法国南部吕贝隆山区红土城（彩图见书后）

（图片来源：百度图片）

而具有滨水地域特色的城市色彩一般比较鲜明、舒适宜人（图3-5）。

随着生产力水平提高、工艺技术提升、新兴的材质的涌现，多样化的色彩审美以及人们对消费、视觉的极度关注，使人类开始改造自然环境，将大自然赋予城市的"底色"剥离本土自然环境，进行改头换面的城市美化运动，城市色彩风貌逐步呈现趋同化。

图 3-5　韩国与加拿大滨水城市色彩（彩图见书后）

（图片来源：http//hebei.sina.com.cnfo）

3.3.2　人文环境

1. 人文因素

"城市是人类文化积淀的产物，城市人文环境是指以文化积淀为背景，以物质设施为载体，以人际交往、人际关系为核心的城市社会环境。总体来看，较之自然环境更具复杂性、变动性和可塑性。城市自然环境是城市人文环境的天然物质载体，城市人文环境则是使整个城市活跃起来的灵魂"[1]。人文环境由政治制度、人口分布与迁移、宗教伦理、民族文化、乡土民俗生活等构成，并不断地改变着建筑、环境的自然色彩面貌，使区域城市环境色彩体现出其独特性与地域性，并随历史的发展而不断积淀，最终形成城市色彩。相对于城市自然环境，人文环境积淀、发展、演变的过程对城市色彩的影响更为深刻，随着对传统文脉意识的觉醒、当代城市建设更注重对传统色彩的归属感与认同感，在传统与现代不断交织嬗变的过程中，城市色彩呈现出更具多样性、包容性的发展趋势。

人文环境隐形的存在于社会本体系统中，包含社会集体意识、传统信仰、民族凝聚力等，是一个民族内在的精神灵魂，潜移默化地影响着人类社会文明的进化以及社会发展。正如日本城市空间中，东京、六本木、新宿等现代商业城市与传统城市京都、奈良等呈现出鲜明的色彩对比。

2. 民族宗教政治因素

中国古代社会中，森严的等级制度以及礼制伦理严格地限定了建筑色

1　邹冬生，赵运林.城市生态学[M].北京：中国农业出版社，2008，12：73.

彩用色、择色规范甚至审美范式。等级制度、政治因素对于城市色彩的影响从最初的强制性用色规范，随着色彩面积的不断蔓延积淀，形成社会大众默认的色彩范式与色彩观念意识，并进一步影响城市色脉的演变，例如，首都北京的城市色彩形态映射着历史朝代、制度变革的运行轨迹，有序而统一的色彩格局是封建等级制度的产物。宗教因素对城市色脉的影响最初是由于外来佛教文化传入，代表佛教文化的黄色、白色色彩基因介入传统色彩系统中，随着佛教文化的传播，人们的色彩观念意识在宗教信仰的影响下产生变化，城市色彩的传承转化为自下而上的自发积淀形式。例如，在四川省甘孜藏族自治州色达县的喇荣沟，建立了世界上最大的藏传佛学院之一——色达喇荣寺五明佛学院（图3-6），这里由于聚集了众多常年在此求学的佛教信仰者，而积淀形成了以藏红色为主色调的色彩风貌，偶尔点缀黄色、蓝色、赤红的人工环境色彩与蓝天、草地、白云的自然环境色彩形成鲜明、强烈的色彩对比关系，随着佛教求学者的不断追随，藏红色不断蔓延，形成了色达地区庄重，神圣的城市色彩风貌。

图3-6　四川甘孜色达佛学院（彩图见书后）

（图片来源：http/hebei.sina.com.cnfo）

3. 工艺技术因素

随着人类社会生产力水平不断提高，科学技术快速发展，建筑材料的使用从自然材质到建筑材质，材质中人类的印记随之加深，经历了漫长的演变发展过程，如今材质种类已经丰富且多样化，包括砖材、石材、不锈钢材质、混凝土、有机玻璃等，例如，韩国釜山某现代建筑环境中结合了传统砖材、石材与不锈钢钢材、有色玻璃等，西班牙格拉纳达城市风貌中基本保留了传统建筑材质与色彩（图3-7）。

图3-7　韩国釜山与西班牙格拉纳达具有材质特色的城市色彩（彩图见书后）
（图片来源：作者自摄）

　　人类的技术发展大致经历几个阶段，工艺技术对于城市色脉的影响是直接的，当工艺技术普遍适用于社会中，技术对于城市色脉的改变，由量变到质变，建筑材质对建筑色彩的影响举足轻重，早期人类社会中，建筑是指具有遮蔽功能的空间，因此人类最早穴居巢处，人类社会环境色彩基本与自然环境色彩一致，随着石器铁器时代的到来，人类改造自然的力量逐步加强，利用最原始的材料石材、木材，搭建房屋建筑物，随着技术的提升，开始将黏土烧制成砖瓦，将岩石制成石灰与石膏，为之后的建筑结构发展奠定了基础，也标志着建筑材料正式进入了人工阶段，18世纪后，技术的发展促使建筑材料进入了一个崭新的发展阶段，水泥、钢筋混凝土等开始作为建筑材质出现在建筑行业中。1868年，法国园丁约瑟夫·莫尼哀（Joseph–Monier，1823-1906）建造的首座钢筋混凝花盆的问世，引起了建筑材料界的广泛关注，成为现代建筑使用最频繁的建筑材料，建筑色彩也随之打上了技术的烙印，呈现出不同明度、无生命力的灰色。20世纪后建筑材质走向高科技、智能化、仿生趋势，建筑与城市色彩依然是科技的冷色调。

　　古代中国传统建筑色彩的演变最初由自然环境决定，与自然结合，由半地下走向地上，如北方地区黄土土壤结构的窑洞，材质基本是黄土、草泥，逐步发展到地面上。南方地区建筑材质多为木质结构。此时的人工环境色彩与自然环境基本吻合，社会聚落的色彩也基本是黄色、棕色、土红色的暖色调。

进入阶级社会以后，西周及春秋时期，出现以宫廷市肆为中心的城市，建筑材质仍以木材为主，为了防止房屋漏水，进而开始使用瓦，中国古建筑迎来了技术革新时代。战国时期，统治者扩大了城市的规模，此时，传统建筑材质的主角——砖登上了历史舞台，古人对木材的运用达到了登峰造极的境界，木构架结构技术日臻完善，形成抬梁式和穿斗式两种主要的结构，因此色彩各异的彩画得到了很好的发展，汉代以后石料材质的使用逐渐普及，使用范围包括宫殿、水利工程、石窟等。魏晋南北朝时期，不同于以往单一材质的使用，建筑材质品种与质量都得到很大的提高，包括以砖瓦材质为主，辅以金属材质的装饰以及佛教建筑中石材的大量运用，建筑环境色彩的构成较为稳定，基本是自然材质的颜色以及金属的点缀色。

随着人类对自然的不断认识与改造，生产力以及技术进一步提高，隋唐时期，随着传统古建筑体系发展成熟，建筑材质基本以砖为主，并开始广泛使用琉璃材质，琉璃的颜色非常丰富，有黄、绿、蓝、紫、黑、白、红等，其中黄、绿、蓝三色使用较多，在砖灰色的基础上添加了建筑环境色彩中的点缀色，使城市色彩更加多姿多彩。可见，琉璃的使用对于传统建筑色彩具有划时代的革新意义，使建筑物形体在青灰色环境中显得流光溢彩，更加突出、独特，和谐。

结束了上千年的封建社会，在西洋建筑潮流的影响下，中国近代建筑发展进入多元化包容时期，建筑材料的使用包括传统木材、砖、水泥钢筋混凝土、玻璃，种类较多的建筑材质，也丰富了城市建筑色彩，20 世纪之后，随着欧美建筑潮流、新技术的涌入，一直在不断追随曼哈顿城市化，不锈钢、瓷砖、外墙漆、玻璃幕墙等新兴材质的使用基本与国际接轨。

3.3.3　意识形态

城市色脉的发展从意识形态来讲，"其根源是荣格创造的集体无意识概念，这是一种与生俱来的深层无意识，集体无意识的层次是不自觉的，它包含着连同远祖在内的过去所有各个世代累积起来的那些经验的影响"[1]。"其形成的根本原因是由于后天的人群或种族所生活的共同环境，即具有社会文化场所性的环境，它包括一切室内、室外的人造环境和自然环境，这种环境的根本特征是舒尔茨所谓的'场所精神'，它造就并延续着存在

1（美）杜·舒尔茨.现代心理学史 [M].杨立能，陈大柔，李汉松等译.北京：人民教育出版社，1981.

于人的精神层面最深处的集体无意识及其原型"[1]因此，在未来的城市色彩规划中，应当注重运用自下而上的规划模式，即通过研究大部分城市色彩的形成与演变，调查民众对城市色彩的偏好以及色彩心理认知水平，制定符合民众色彩观念的城市色彩基调，而片面的运用政策与城市规划管控城市色彩基调，容易导致城市色彩规划失效的问题。

1. 传统色彩审美意识形态系统的发展

传统的色彩意识形态形成较早，自远古起源于对生命的敬畏，产生色彩认知，发展至将色彩符号作为图腾崇拜的意识形态产生，在仰韶文化夏商时期逐渐形成色彩审美心理，周代将朴素的唯物主义世界观——"五行说"与五色崇拜、五数、天地人神结合，形成集时间、空间、人伦、礼制等为一体的"五行色彩学"，唐宋时期最终形成传统的"五色审美观"，五色即："红、黄、蓝、白、黑"，被古人视为吉祥如意的"正色"，如今随着理性的西方色彩理论体系传入，传统的"五行色彩学"已逐渐被忽略，虽然这种朴素的色彩观没有形成为当代所用的色彩科学体系，但是五色的审美意识已深入人心，成为民族色彩特征。随着历史变迁，传统五行色彩学的平民化，逐渐深入社会底层，如今已经逐渐被遗忘忽略。传统的色彩相对于西方色彩的理性化，更具有朴素智慧，传统色彩的人本主义随着单行进化论，消费主义，以及普世化的影响，现代社会中人们更加偏好于色彩视觉属性与价值，并形成一定的色彩观念意识。

人类由被动获取大自然色彩的赋予到自主创造色彩，从而形成了传统色彩观念，并使色彩具有象征、社会礼仪，宗教制度等意义。自古以来，色彩的兴衰变迁与意识观念的演变息息相关，色彩对于人类的意义在于它渗透在社会生活中并扮演着文字、符号的角色，人们将不可言说的情绪以色彩符号替代，在中国文化史上，任何一个流派的学说，任何一个政权，任何一种宗教，无不假色彩以明道示礼，从帝王到市井平民，都对色彩诚惶诚恐、仰之畏之。于是，色彩便成了一种"文化的符号"[2]，并延续至今，成为文脉的重要组成部分，在中国文化史上具有举足轻重的地位，色彩观念的时代性与地域性彰显了中国传统文化意识形态的魅力，因此色彩的发展史是人类认知自然的历史。

2. 传统色彩观念意识演变历程

1）史前时代的色彩被动接受与本能感知——色彩观念萌芽期

传统的色彩文化源远流长，在原始社会时期，对自然色彩的感觉是人类的本能之一，例如蓝天白云，对混沌自然界的认识，对科学的未开化使

1 边文娟.生物遗传学视角下的古典园林设计手法传承初探 [J].建筑与文化，2014.
2 姜澄清.中国色彩论 [M].甘肃：读者出版集团.甘肃人民美术出版社，2008：13.

得人类对生命的敬畏产生了对色彩的认知，由于史前文献的缺乏，因此对原始时期的色彩现象与观念的探索较为困难，在无文字时代，在传说、神话中具有浓郁的色彩意识，色彩作为最重要的交流传媒介质，在原始社会巫文化形态中，扮演重要的角色，并最终形成具有象征意义的色彩符号，图腾崇拜时期是每个民族必经的阶段，目前仍有部分少数民族保留着原始的色彩意识。

随着对自然界的色彩的认知，人类社会活动逐步渗透并融入色彩认知。形成单色，在北京西南周口店发现的北京人遗址中除了举世震惊的原始人头盖骨外，还有大量的石器、骨器，其中用赤铁矿染红的装饰品有着更为不同寻常的意义，"所有装饰品的穿孔，几乎都是红色，好像他们的穿戴都用赤铁矿染过"[1]，红色的生命意义，说明原始的物态化色彩活动已经产生了上层意识形态的萌芽，由于既无文字记载且工艺技术不发达，施色赋彩的工艺受到限制，殷商前的色彩现象与观念的研究，只能依靠几大陶系实物遗存以及推测，彩陶是远古人类色彩活动的物化表达，同时也是巫术文化形态的精神产物。1921 年在河南省涡池县仰韶村出土了一批区别于素陶和黑陶，具有"彩"的陶器，称其为彩陶，即后来的仰韶文化的彩陶系，此时的"彩"由于人类与自然力量相差悬殊，工艺技术水平的限制，人类仍旧处于被动接受色彩，并将其运用到社会生活中，用色、择色受到很大的限制。自然色彩决定了人类社会用色，此时的色彩观念是神圣、平等的。

彩陶是原始人类通过制坯、将天然矿物颜料绘制在打磨后的陶坯上，经入窑焙烧，最终的制成品由于赤铁矿颜料和锰化物颜料经高温后自然呈现红色与黑色，"红色、黑色、白色"是彩陶的基本色，表达了远古人类基本的色彩审美意识。烧制过程中自然产生间色，黄色、赭色，这几种颜色是人类被动接受自然界视觉的反应，红色的血液、生命的火焰、白日的阳光、暗夜的黑色构成人类原始色彩认知，是一种传统集体无意识，原始色彩是形成丰富色彩的内在核心。

新石器时期，人类开始将色彩运用到自身的需求中，使用色彩逐渐丰富。从原始初民开始感知自然色彩，形成单色，再到被动接受自然色彩，远古人类对于色彩的认知伴随着不断的实践进行探索，从对生命的敬畏到单色提炼发展至崇拜色彩图腾符号，这个过程体现在色彩运用的转化，即从人类自身躯体上的纹身转移到器皿物体上，是为了将色彩的巫术效应形成永续持久的固态物化，逐渐从自然生命崇拜过渡到图腾崇拜。随着社会不断发展，色彩的巫术性消失，成为物质形体构成的重要辅助因素，形成

---

1 贾兰坡 . 北京人的故居 [M]. 北京：北京出版社，1958.

表达意识形态、情绪思想的重要语汇。"不可否认的是，彩陶所用的红、白、黑、黄、赭等颜色，一直是中国人长期喜爱的色彩，我们从原始彩陶的用色，可以看到中国人对某些色彩喜爱的沿袭性，因此，从彩陶的用色，我们恰好找到了中国人色彩审美心理的源头，它渗透着、凝结着中国人最初的色彩情感、民族精神，审美心理"[1]。在以天神，巫文化形态中，色彩中的人为要素较少，色彩是神的旨意，为后来进入人类文明意识形态之后，"神化"色彩奠定了基础，并逐步将色彩的"神化"过渡到成为人治、礼制的政治统治工具。

2）文明时代传统五色崇拜观念——传统色彩审美心理雏形期

当人类进入文明社会之后，已经不再被动地接受自然色彩，而是依据自身需求丰富色彩，选择色彩、使用色彩。色彩的巫术意识逐渐被阶级意识取代，上层意识形态进一步强化，色彩成为阶级意识形态下政治统治、社会等级划分的工具。色彩被赋予人类主观意识，象征权利与阶级、礼仪与人伦、尊崇与鄙夷、人类情绪、思想、感情甚至社会秩序等都通过客观的色彩表达。此时的色彩相对对史前社会的神圣、平等，已经被人类社会阶级制度烙上了等级的烙印，且进一步将色彩神化、成为天意的化身，使世人对特殊色彩产生畏惧的心理。

自远古时期至汉代，五色崇拜的观念，随着社会制度兴替，贯穿历朝历代始末，传统朴素唯物主义智慧，对传统色彩的关注视角并非色彩的直观、表面属性——视觉，而是其内涵的象征意义，以及色彩外延部分，比兴、色彩制度，用色法制表达社会形态。

夏商时期逐渐形成色彩审美心理，在周代五行学说的引导下，传统色彩体系逐步形成，从以色明礼、用色释权到就色论色，色彩神化到以人为本，影响传统文化形态，构成传统艺术的重要组成部分。五行说是传统观念意识网络中的总纲，为一切自然现象、哲学伦理、思维情绪等类属提供了思维范式，并将其统一在传统观念意识网络中。传统五行思维范式成为后世对色彩的认知与运用的理论支撑，这是不同于西方色彩理论研究的根本。五行色产生之后，"汉代之前的各个朝代都对色彩有不同的倾向喜好，夏尚青、商尚白、周尚赤、秦尚黑、汉尚黄，其中也体现了古代五行的相生相克原理"[2]。至此，汉代已经将五行与色彩从理论到实践全面结合发展，同时儒释道思想对传统色彩具有一定的影响，诸子百家虽没有形成色彩专论，但是其朴素的哲学理论，以及美学方法论奠定了传统色彩的基础，对后世影响颇深。

1　张咏梅.中国人色彩审美心理的形成及特征 [D]. 山东：山东师范大学硕士学位论文，2004.

2　周跃西.试论汉代形成的中国五行色彩学体系 [J]. 装饰，2003.

3）汉代五行色彩学体系形成——传统色彩审美观念的理论提升

两汉时期，文化的高度融合，形成百家争鸣的学术思想氛围，为五色学说上升至理论高度奠定了传统思想基础，经过不同学派思想的糅合形成主流意识形态——儒家思想，形成五行色彩学，汉代的五行色彩学为传统色彩文化的建构奠定了基础，成为视觉与传统文化的桥梁，色彩已经转换成为传统逻辑思维范式，并通过视觉物体反省内心，形成一种文化形态。将国人的自发性朴素哲理、传统朴素自然哲学、"五行"与社会制度结合，构建为五色体系。因此，色彩也是社会宗法制度的工具，严格的用色制度体现在封建社会的方方面面，最早出现在秦统一之后，确立服饰用色制度，以用色彩代表身份象征，用色制度非常森严，滥用色彩将获罪。

"五色制是中国远古时代的帝王以'五行'、'五德'"法则建立起的宏伟的色彩体系，是在对黑白色彩原始感知的基础上，在色彩与天道自然运动的五行法则之间建立的关系，这种建立在自发的理性观念上的以整个宇宙的大象确立色彩象征的思想完全不同于西方，表现出中国古人以自发性哲理，从天地四方和自然物质基本属性在四季变迁中宏大的时空变化进行倾向性色彩把握。这种内在本质与外在宇宙相应的关系把握是中国色彩象征得以长久存在的内在原因之一"[1]，形成于汉代的"五行色彩学"体系早于西方的现代色彩学一千多年[2]，从上古人类的五色崇拜到五行色彩学体系、配色体系，在儒学思想、道家思想的影响下，不断完善，并延续至魏晋南北朝，动荡的社会，人口的流动，文化的交融使五行色彩学渗透在民间中，获得了广泛的民众认可基础，至此，五行色彩经历了多民族政治、文化的交融，五行色彩形式与使用规范成为传统民族色彩。

4）隋唐统一——传统色彩审美观稳定发展期

经历了南北朝政局动荡的社会环境，使得多民族文化得到极大融合，唐代以前，色彩一直受玄理学统治，唐代以后，趋向于社会现实心理，色彩观念从天意神坛逐渐走向人本之心，以先秦五行审美观为基础，在儒家、道家、异域文化佛教思想的影响下，中国传统五色审美观形成，唐宋时期，传统五行色彩学在大一统的社会环境中，传统色彩基因稳定发展，最终形成了传统民族特色的五色审美观。在科学文化的发展下，相较于之前的重玄理的传统五行色彩发展，色彩的玄学神秘性逐渐淡化，唐宋以后，色彩基因得到进化，社会从封闭走向开化，从以神为本到以人为本，色彩进入了发展的新纪元,色彩真正开始了视觉审美，并进入了"就色论色"的阶段，运用于美术绘画中，并成为艺术创作首要遵循的审美原则，至此，融入科

1 　张咏梅.中国人色彩审美心理的形成及特征 [D].山东：山东师范大学硕士学位论文，2004.

2 　周跃西.试论汉代形成的中国五行色彩学体系 [J].装饰，2003.

学、艺术元素的传统色彩成为真正的传统文化精粹，具有强大的生命奥义，为今后当代传统美术延续发展奠定了基础。

5）明清时期——传统色彩审美心理融合期变异期

明清时期，随着上千年的封建社会制度瓦解，本土社会制度基础的松动，色彩仍在军事制度上，区分等级。但随着城市商业活动的繁荣，对外开放使大量西方文化流入本土，传统文化形态逐步动摇，色彩尊卑贵贱的观念逐渐淡化，根系单一的传统色彩受到西方色彩学的冲击，在西学东渐的文化形态中，色彩已经逐渐摆脱政治工具笼罩，本土传统色彩并没有创新发展，其神秘色彩大减，封建等级森严的择色制度逐渐瓦解，色彩逐步趋于平民化，西方色彩学理小规模渐入，虽然这种异质外来文化对本土色彩的观念及实用并未产生重大影响，但却是传统色彩发展的历史转折点，相对于唐代的色彩变革，这是传统色彩基因的变异，五色学已逐步退出历史舞台。随着西方科学、技术的传入，以及商业的繁荣，传统色彩的象征意义，尊卑、礼仪等基因仍旧生长于色彩文化历史形态中，成为传统无意识形态，根深蒂固，至此，传统色彩于当世已经脱离神化、政治制度、社会制度，其独立的视觉审美、艺术价值逐渐受到世人重视。

3. 传统色彩观念的哲学基础

1）儒家思想——色彩等级化

古代封建社会时期，儒家哲学思想始终处于统治地位，影响社会生活的各个层面，儒家思想对于传统色彩的影响包括：首先将色彩赋予等级制度，使色彩政治化，其次运用礼制约束色彩的用色限制与规范，并成为儒家文化传承的载体，象征着社会等级、伦理、道德，从而使传统色彩走向符号化，再次，礼制文化形态决定传统色彩的形态，形成了传统色彩审美方法论。随着社会不断发展，儒家思想已成为传统的世界观、价值观深入人心，由等级制度强制形成的色彩伦理、色彩审美、色彩逻辑建构，经过世世代代的传承，已经形成固有的社会集体无意识，这是一种根深蒂固的文明意识形态，使人们不自觉地选择、认同具有传统礼制文化痕迹、哲学思想的色彩。

2）道家思想——绘画色彩审美

儒家、道家思想是古代社会中两种具有影响力的政治派别，也是当时的主流哲学思潮。与儒家注重人为束缚、规范限制色彩不同，道家思想则崇尚回归自然、返璞归真、淡泊无为的色彩审美观，因此推崇黑色。此外，由于轩辕黄帝是道教始祖，故而推崇黄色，如今，黄色已经成为象征华夏民族的色彩符号，紫色也是道家的崇尚色，道家将色彩结合传统中医，认为人身的元气中有紫、白、黄三色，故又称三元气为"三素云"。《黄庭内景经》上云："四气所宿，紫烟上下三素云。"务成子注："三素云乃肺、脾、

肝 三经之气，脾为黄素，肺为白素，肝为紫素。紫烟上下乃三素合一。"
如果说儒家思想对色彩的最大影响在于社会伦理方面，例如，沿袭至今的
色彩礼仪、色彩禁忌文化等，那么道家文化对于色彩的重要意义在于奠定
了中国传统绘画艺术的审美基础。

3）佛教思想——色彩艺术化

西汉时期，外来文化基因——佛教从印度传入我国本土文化中，这是
历史上首次外来文化基因对传统文化系统的介入，在今天看来这是一次成
功的融合。首先，佛教文化在东汉之后逐步传播蔓延，对传统文化影响颇
深，并形成了包括寺院、佛塔，石窟等宗教建筑物以及具有极高艺术价值
的壁画等艺术贡献。其次，佛教文化的传入为传统色彩的发展注入了新鲜
的血液，使传统色彩逐步摆脱封建等级制度、阴阳五行的社会束缚，而真
正融入中国传统艺术的创造中。

综上所述，传统色彩观念的哲学基础主要以本土的儒家、道家思想以
及佛教文化为主。儒家思想用礼制为传统色彩打上了等级的烙印，色彩观
念倾向于社会化，而道家思想开始解放传统色彩并使其走向自然化，使传
统色彩逐渐淡化"玄理"对社会的等级划分作用，转向传统绘画艺术的审
美倾向。佛教思想的传入更加强化了传统色彩全面转向艺术、审美的发展
趋势，最终传统色彩成为中国传统艺术的重要组成部分。

3.4 城市色脉的构成要素

3.4.1 时空要素

时间和空间要素是研究科学理论的存在条件，能够促使城市色脉理
论体系的研究从绝对性转为相对性。时间要素的根本属性是体现事物以
及科学真理的过程结构，使城市色脉的观念认识形态从静态转向动态，
城市色脉正是在时间维度上不断积淀演替、新陈代谢发展变化而成的。
空间要素的根本属性是认识模式，它使我们对城市色彩的认识属性从片
面走向全面，在时空二者要素的结合下，对城市色脉形成全新的动态认
识结构与逻辑范式。

3.4.2 文化要素

文化的广义概念指由人类创造的精神物质成果的总和，色彩也是文化
系统中的子系统，城市的历史文化在整体时空背景下，积淀形成了城市色
脉，包含着丰富的文化要素、艺术文化、宗教信仰、社会风俗、价值观、
思维范式等，使城市色脉具有发展的内涵，因此，研究城市色脉需要在文
化背景下进行，以保证城市色脉的整体性、延续性，有机性。

3.4.3 色彩要素

色彩要素是城市色脉系统研究的基础，对于研究城市色脉的微观层面、技术层面具有重要意义。因此，在城市色脉的研究中首先要重视城市色彩中的明度、色相、纯度等基本因素，分析城市色彩关系，包括色彩对比、明度对比、色相对比、纯度对比等。

3.5 当代城市色脉的表现形态

城市色脉的表现形态主要分为并置、嫁接与杂糅三种类型（图3-8），三种形态在城市空间中交织融合，演替发展。在城市色脉系统演变的初期阶段，城市色脉的并置形态表明了外来城市色彩基因与本土城市色彩基因的互相排斥、独立的关系，当迫于生存需求时，二者开始进行初步的融合，嫁接就是最直接的方式。例如，当外来色彩基因处于弱势地位，生长力、适应性较差时，会选择嫁接在具有旺盛生命力的本土传统色彩组织内，借助其生长环境生存。

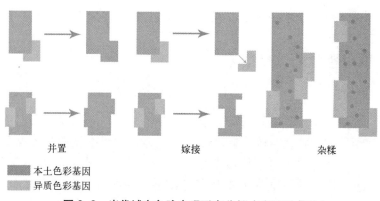

并置   嫁接   杂糅

▇ 本土色彩基因
▇ 异质色彩基因

图3-8 当代城市色脉表现形态分析（彩图见书后）
（图片来源：作者自绘）

3.5.1 并置

城市色脉的并置形态是指将不同时空中的色彩基因信息、色彩片段组织通过衔接、交织、对比、重组等方式并存于城市空间界面中，使其遵循各自秩序，保持独立性，从而重构形成具有较强包容性、灵活性、多样性的城市色彩组织新秩序，赋予城市空间环境超现实主义特色，带来新鲜奇异、富有戏剧性的视觉效果。城市色脉的并置形态表现在空间层面与时间层面，首先在空间层面上，单一稳定的传统城市色彩被动接受外来城市色彩的介入，二者并存于同一个空间界面中，并依照各自秩序生长，呈现城市色彩共生拼贴状态，例如，极具现代技术感的国家大剧院的建筑色彩与天安门传统色调在长安街空间界面上的并置。在时间层面上，城市化快速发展，传统建筑色彩与现代城市色彩贴附并存，形成炫丽与朴素强烈对比的古今并置，呈现超现实主义拼贴现象，这正是城市色彩演化形成的产物，这种现象在寸土寸金的亚洲拥挤型城市——香港尤为明显，由于城市空间有限，城市更新较快，城市色彩细胞新陈代谢不断加速，因此，不同历史阶段的城市色彩并置的现象尤为突出。旧城区、新建住区并置于有限逼仄的城市空间中。以西湾河为例，升起的高架路以及地面快速车道成为新城旧城之间两道天然的分界线，建筑类型、街道网络以及相关的生活方式在边界线两侧形成鲜明的对比：南侧为拥堵、破旧的老区，建筑色彩秩序混乱、明度较低，呈现失落的色彩形态，而北侧为临海整洁的开阔住区，建筑色彩明度较高、色相明艳，一派色彩活力的形态，两道基建之间的地带为过渡地带，呈现新旧混合的多样状态[1]，传统文化积淀、凝练的精华不断变换在五光十色的时代大荧幕上，已成为其独有的城市特色风貌。从空间与时间两个层面来阐述城市色彩的并置形态，能够清晰地解读、梳理城市色脉，但由于城市色脉系统的复杂性，城市色彩在时间层面与空间层面的并置行为，经常混合发生而非单一存在。

3.5.2 嫁接

嫁接最早是植物在园艺中较为常用的一种繁殖途径，对于繁殖能力较弱的一些果木具有重要意义。在城市色脉理论中引介嫁接的概念描述城市色脉的表现形态，主要是指在全球化、多元化社会发展中，外来城市色彩基因与本土色彩基因产生碰撞与摩擦，基于生存的需求，二者由最初的相互独立排斥的并置模式逐步转向适应融合，而嫁接是最直接、基本的融合模式，在不同的时间段，外来基因与本土色彩基因竞争力量不同，所处地位不同，因此，外来色彩基因与本土色彩基因通过互相嫁接、置换产生新的色彩细胞，激发城市色彩活力，重构城市色彩秩序。城市色脉的嫁接形态对于城市色彩的发展具有正向意义，同时也具有负向意义，当嫁接融合方式得当，有利于促进城市色彩基因的再生与更新，我们称之为中西合璧，而嫁接方式不当，生硬的拼凑与简单的形式叠加，使城市色彩基因产生断裂、畸变，导致城市色彩形态不伦不类，色彩视觉污染的问题。

---

1 张为平. 隐形逻辑：香港 亚洲式拥挤文化的典型 [M]. 南京：东南大学出版社，2009：141.

3.5.3　杂糅

当城市色脉通过嫁接形态发展到一定程度时，在某种社会因素的催化作用下，城市色脉发展进入杂糅阶段。杂糅是城市色脉嫁接融合形态的深化体现，与嫁接形态不同的是，杂糅是指外来城市色彩基因与本土城市色彩基因细胞之间的渗透、重组、共生，当外来城市色彩基因与本土色彩基因全方位多角度的融合，二者的细胞共生于同一色彩组织中，各个细胞没有力量悬殊之区别，各自占有相应的资源配置、共同遵照色彩秩序，不断地适应、变异、共生，遵照能量守恒定律，始终保持系统的健康平衡，通过时间轴向上的积淀延伸，形成本土与异质色彩基因结合，且具有全新的色彩秩序的城市色脉系统。城市色脉的杂糅形态表现在时间层面、空间层面、功能层面上，首先在空间层面，不同地域空间的城市色彩基因组织进行杂交、融合，在时间层面，将不同时态的城市色彩基因交织，将结构组织不同的传统城市色彩基因与现代城市色彩基因混杂、交织在限定的空间界面中，在功能层面是指将商业居住等不同功能的城市色彩通过叠加、交织、渗透等方式使多样化的色彩基因融合杂糅共生，衍生出新的色彩基因组织，促进城市色彩体系进化演替，不断动态发展。

3.6　城市色脉的特征属性

依据新文脉主义、城市自组织理论，并结合城市色彩的相关属性，将城市色脉的属性归纳为有历时性、文化性、整体性、动态性、自发性。

3.6.1　历时性

"城市的历史文化作为人类历史过程的一种存在方式，分为本体和认识两个方面：本体是指人类所经历创造的一切，认识是人对自己过去的回忆和思考，历史文化的本体是客观的、独立的、外在的，它的存在不以人的意志为转移"[1]。城市在不断演变的过程中积淀形成历史、人文、社会生活、民俗风情等，并通过城市形态、社会生活痕迹、城市空间场所精神表达自身与众不同的风貌品质。而每座城市都具有自身鲜明特色的历史文化形态，不断传承延伸，并且映射于当下的城市时空秩序中，形成深厚的历史积淀，既增强了城市的文化与综合实力，也为未来城市发展奠定了基础，最终成为城市的个性名片。

在社会生活中不断延续的文脉系统包含诸多子系统，例如区域形态、

1　谭侠.文脉传承载体——城市记忆空间初探 [D].重庆：重庆大学硕士学位论文，2008.

空间尺度、城市色彩等，其中城市色彩特征信息不仅真实反映了历史文化，也是当代城市环境中的重要组成部分与传统文脉基础之一。

索绪尔提出的历时性包含了一个系统从过去、现在到未来的历史动态、纵向维度变化的过程，而城市色脉的时空整体性研究正与这一点相互吻合，它既植根于过去时态的历史基底，也延伸至现在时态的城市空间中，不仅从物质实体层面，也在精神虚拟层面上也反映了城市历史文化的发展脉络，是传统与当代时空共存、动态演化的历史文化遗产，因此，历时性是城市色脉的基本属性。此外，城市色彩随着时间不断沉淀、演变，并融合新的元素，适应现代城市空间的发展，形成符合城市性格的城市色彩基调，呈现城市色彩过去时态与现在时态的缩影，是城市历史文化精粹的凝练，也是城市色脉历时性的重要产物，因此我们应当尊重历史，以发展动态的眼光来对待城市色彩，从而推动城市色彩健康、平衡发展。

3.6.2 文化性

文脉是一种具有承上启下的有联系、有内涵的文化传承发展关系，城市色彩系统是文脉系统中的子系统，二者互为依存，紧密联系，相辅相成，在社会历史积淀的沃土中孕育着丰富的传统色彩，同时，传统色彩基因中也映射着优良而博大精深的文化底蕴，因此，城市色彩具有文化的相关特性。文化性是城市色脉的核心特征属性，传统的儒释道玄学文化、阴阳五行文化、民俗文化、丰富的多民族文化以及各具特色的地域文化共同造就了高超精湛、源远流长的传统色彩艺术，在时空秩序中构建了深厚的传统文脉体系。

城市色彩在历史长河中积淀而成，承载着城市文化信息，并成为社会集体意识的精神寄托。不仅蕴含着自然地理环境基底色，也包含着人类文明进化历程中的人为环境色彩基因，其核心因素是文化基因。不同时期、不同地域，不同城市文化形态影响了城市色彩的形成，塑造风格迥异的城市风貌。我国地大物博，不同的人群在不同的地域中形成不同特色的地域文化。从空间维度来讲，在地理空间区域上形成了华夏文明的两大源头，即黄河文化与长江文化，并划分为吴越文化、草原文化、中原文化、齐鲁文化、高原文化等区域格局。从时间维度来讲，分为秦汉文化、魏晋文化、盛唐文化、明清文化等。多元化的民族融合创造了丰富的民族文化，包括汉文化、藏族文化、蒙族文化、苗族文化等。而不同的功能决定了城市的文化形态，例如军事文化、堡寨文化、码头文化、漕运文化、港口文化等，由生产方式决定的文化形态包括农耕文化、渔猎文化、游牧文化等。在历史长河中，具有顽强生命力的文化基因延续至今，而部分处于弱势的文化基因受到强势文化基因的冲击，形成了文化断层。

城市文化在城市色彩演变发展中扮演着重要的角色，文化基因的重组、断代以及融合在城市色彩形态上刻下了深深的烙印，城市的色彩风貌也是历史文化生动鲜明的体现，一方面，文化基因是城市色脉发展的源动力，另一方面也是城市色彩演替的催化剂。在同质文化基因生长状态下，城市色彩系统呈现延续发展的趋势，而当异质文化基因介入时，城市色脉系统在某个阶段内发展受阻，从一定程度上降低了城市色彩的演进速率，但从长远角度来说，异质文化基因的侵袭与扰动，有利于城市色彩基因在曲折振荡的环境中置换、重组、交织，并在生物淘汰替换、竞争机制中强化自身免疫力，优化基因组织结构，提升城市色彩体系演进速率，总体而言，在文化基因的影响下，城市色脉系统虽然中途受阻，但整体仍然呈现阶梯性跃升状态。在全球化语境下，传统文化基因处于弱势地位，本土城市色彩意识含混，随着地域文化思想的回归，文化性在现代城市色彩发展中显得尤为重要。

3.6.3　整体性

20 世纪 30 年代，德国著名量子力学创始人普朗克曾提出："科学是内在的整体，被分解为单独的部分不是取决于事物的本质，而是取决于人类认识能力的局限性。"在城市空间中，过去、现在、未来时空中的城市色彩基因之间存在着千丝万缕的联系并形成完整的体系，在城市色脉演变中，每个时间段、每一部分传承与变异的色彩基因与信息都具有整体意义，也就是说，对某个建筑单体色彩进行改变，将使整个街区甚至城市色彩产生显性的视觉影响以及长远的隐性意识影响，即"蝴蝶效应"。在理论研究中，初期的城市色彩原理为城市色彩研究奠定了理论基础，随后提出的城市色彩规划方法，包括城市色谱、色彩数据库等成果，构成了整个城市色彩研究体系中的核心部分，从长远来看，对于城市色彩系统而言，色彩时空秩序的整体性始终处于核心地位，不同时态的城市色彩细胞单体的运行轨迹以及彼此之间的密切联系，对于建构完整的城市色彩组织具有重要意义，综上所述，构建城市色脉网络，建立城市色彩健康平衡发展机制是当前城市色彩研究的重要目标，也是完善城市色彩体系的重要途径之一（图 3-9）。

由于目前城市色彩系统自身存在意识含混、体系缺失等问题，导致其整体呈现无序发展的状态。首先，城市色彩的研究视角局限于解决当下的色彩问题，研究成果主要集中在城市色彩规划方法层面，而缺乏对城市色彩系统内在演变机制的探索；其次，片面地研究某个固定时间区域内的城市色彩形态，将陷入被动研究的羁绊中，不利于城市色彩的全面、动态、有机发展。因此，依据生态学中的"乘补原理"："当系统整体功能紊乱失调时，系统中的一部分因子乘机膨胀成为主导因子，使系统产生畸变，有些成分则能自动补偿或替代系统的原有功能，使整体功能趋向于稳定和谐，整体总是大于部分之和"[1]，在城市色脉系统研究中，始终站在前人理论肩膀上，立足于整体、全面的视角，充分发挥主观能动性，对城市色彩的研究对象、研究成果进行整体、系统的研究，试图填补城市色彩研究在时间维度上的空白，力求建立更为广阔的研究平台将城市色彩丰富的研究成果整合统筹于更为科学、系统、整体、动态、宏观的系统中，运用新文脉主义等相关理论，进行归纳、提炼、总结，从而探索城市色彩发展的内在本质，建立城市色彩时空框架，引导城市色彩健康、平衡发展。

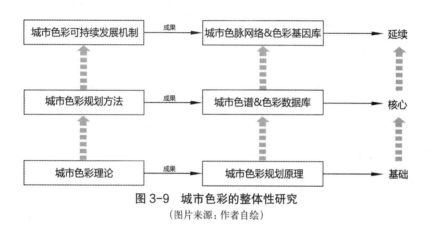

图 3-9　城市色彩的整体性研究

（图片来源：作者自绘）

3.6.4　自发性

城市色脉是城市自组织力量与他组织力量不断平衡、完善的一种复杂结构。集体无意识的传统智慧使得"城市色脉"在没有特定的外部他组织体系干预和控制下自发形成、自发调整、自发适应，每个单元个体看似未经规划、自发生长而成，却在时间维度的积淀下，整体蕴含着隐形的秩序，并始终在一股强大而无形的力量牵制下生长着，保持着内在色彩组织生态的平衡与协调。

系统的自发生长、调节、自愈是进化发展过程中更为高级、进步的新陈代谢机制。随着全球化对传统的冲击，城市色脉的自发性逐渐被忽视、甚至排斥。在经济发展的需求下，长官意识等其他组织力量利用城市规划蓝图生硬地人为控制着城市色彩的秩序，打破城市色彩系统内的自组织特性，阻断其自身的免疫细胞，导致城市色彩系统内部组织紊乱，因此，健康、平衡的城市色脉体系应在自组织力量与他组织力量中相互均衡、和谐发展，从而不断传承、塑造、更新城市色脉系统。

1　周鸿．人类生态学 [M]．北京：北京高等教育出版社，2001：126.

3.6.5　动态性

动态性是城市色脉演化的本质描述，它是揭示城市色脉运行规律的核心钥匙。首先以非生命系统中的文脉为切入点，在城市色脉的延续与发展中，以动态的视角关注其渐进演变的过程，而非静态、停滞于某个节点阶段，从而能够全方位、立体化地剖析城市色脉演变运行路径。其次，城市色脉体系本身就是具有生命活力且不断进行自我新陈代谢的有机体，动态而非静止、连续且上升的运动轨迹，构成城市色脉的各个要素之间互相依附、侵蚀、置换、取代、排斥、共生的竞争协同机制，推动城市色脉进入下一个阶段，从而影响着城市色彩的整体传承与变异。

3.6.6　临界性

由于城市色脉是一个开放复杂的系统，因此同样具有临界性，"自组织临界性的（self-organized criticality）特征，是当代复杂科学中的重要概念，地理学界中的沙堆模型是自组织临界性的典型实例"[1]，具体实例如下，在沙堆上持续不断增加沙粒，当沙堆不断增长，达到某个临界点高度，出现各种规模的沙崩（avalanche），于是进入临界状态，这是一种统计意义的稳定状态。沙堆具有两种互不协调的特征：系统在许多区位是不稳定的，第一，沙量的增加以及随时都有可能产生的崩塌都影响了沙堆的局部特征，第二，沙崩的规模分布却保持了相对的稳定性，而在城市色脉系统中也存在这样特征：当外部城市色彩基因侵入本土城市色彩组织中，达到一定阈值，越过临界点，城市色脉由量变产生质变，城市色彩局部风貌在这种改变下而随时产生畸形、断裂等变异形态，但是城市色脉的整体分布特征仍然保持稳定，此外，城市色脉的临界性表现在城市色彩观念意识层面，当某种外来城市色彩观念意识侵入，首先从量变开始，当超过一定临界点，本土城市色彩观念意识系统发生质变，而外来城市色彩观念意识上升为主流城市色彩观念，例如明清时期，传统五行色彩意识在西方色彩科学的渗透、侵袭中，由量变最终产生质变，达到变异临界点后，退出历史舞台，成为一种隐形的集体无意识力量。

3.6.7　复杂性

城市色脉是一个具有生命体征的新陈代谢组织，在时间、空间坐标上是开放、复杂的有机系统，其本身具有自组织特性，表现为在某种动力机制下，微观色彩个体偶然表现出宏观、有序、隐形的社会现象，在遵循竞

1　Bak P, Chen K, Creutz M. Self-organized Criticality in the Game of Life[J].Nature，1989，342：780-782.

争协同、优胜劣汰的内在生物演变机制规律下，完成自发形成增殖、自发适应、自发进化、自发协调的传承嬗变过程并维护其生长系统的"自稳态"。当城市色彩个体细胞达到一定阈值后，在某种动力机制与因素激发下，城市色彩形态呈现涌现式的蔓延，大量活跃的城市色彩细胞个体、组织构成城市色彩系统。当然，个体细胞因子的运动轨迹都存在偶然性，对于这些不间断的、大量细胞因子的偶然运动的关注是各项城市色彩研究的出发点，这使得城市色彩成为一种新的、自下而上的复杂系统，通过归纳抽象分析，城市色彩有机生命体具有新陈代谢、竞争汰换、自我生长、自我进化、自我修复、自我适应的功能；其自身"内稳态"中具有能够调节自身以适应外部城市色彩环境、动态协调平衡的特性。

复杂性是城市色脉系统组织的核心特质之一，在城市色彩基因运转过程中，本土色彩细胞不断繁殖、强化自身，新的外来色彩细胞不断侵入、变异，二者力量不断抗衡拉锯，从无序走向有序，单一化的城市色彩系统逐步转为多元化，"在自组织过程中复杂结构的出现取决于有序与无序之间的一种平衡。事实上，进化的结构可以刻画成有序与无序的精巧结合"[1]。城市色彩的无序与有序并没有绝对的界线，二者相运相生，竞争协同发展，城市色脉正是在这两种演变形态相互循环的作用下不断发展的。

3.6.8　有机性

将城市色脉系统视为活态类生命系统，其中各个色彩基因、色彩细胞、色彩组织、能量从全方位、立体化的角度进行摩擦、抗衡并相互作用，在竞争、协同、振荡机制下进行不间断的交换、重构等活动，使城市色脉呈现出具有生命活力的有机性特征。在城市色脉的生长初期，色彩信息能量处于稳定积淀的微变阶段，我们很难察觉到这种有机性，当外来色彩基因侵袭介入本土城市色彩组织时，二者互相排斥，各自保持独立性，按照自身的秩序并置于同一空间中，随着城市色彩不断发展，二者进行初步的融合，形成嫁接生长模式，最终杂糅共生，在复杂的生长过程中，强烈的多方力量拉锯，生动、清晰地表达了城市色脉系统的有机性。

3.6.9　多样性

多样性是事物发展的重要特征属性，在多基因、多元化发展社会中，单一的基因由于薄弱的生命力，容易失去竞争力，在生物进化中遭到淘汰。美国人类学家博克说："多样性的价值不仅在于丰富了我们的社会生活，而

1　White R, Engelen G. Cellular automata and fractal urban form: a cellular modeling approach to the evolution of urban land- use patterns[J]. Environment and Planning A.1993, 25：175- 1199.

且在于为社会的更新和适应性变化提供了资源。"[1]目前,随着生产力以及信息技术水平的不断提高,驱使文化信息加速传播,强势的上层建筑联合强权政治制度催生了文化霸权主义,互联网等新兴媒介力量成为这一潮流的催化剂,使文化霸权主义蔓延至世界各个意识形态中。在急速多元融合的发展趋势下,传统的本土文化逐渐处于弱势地位,随着强势的外来文化基因逐步强大,城市文化走向趋同化、单一标准化。

"世界各个国家、民族的丰富多彩的传统文化、地域文化构成了世界文化的多姿多彩、互相依存、互相竞争、互相协同,互补发展"[2]。由于城市文脉传承发展的多样性需求,作为城市文脉子系统的城市色脉,同样也反映了多样性的内涵,丰富多彩的城市色彩基因形成了各具特色的城市色彩风貌,传统色彩基因与异质外来色彩基因相互竞争、融合、共生、协同发展,因此,多样性不仅是城市色彩活力的保障,也是促进城市色彩演化、新陈代谢的动力。

3.7 城市色脉的功能作用

3.7.1 整合功能

城市色脉的整合功能作用主要表现在以下几个方面:

第一、将城市色彩时态与地域空间形态、文脉形态统筹整合,并以城市色脉为基础建立城市色脉网络,整合传统城市色彩研究成果,将城市色彩的时态与城市文脉城市空间结合,构建完整的城市色彩研究体系。

第二、通过将城市色彩的过去时态、现在时态、将来时态整合,重点透过城市色脉切片模型观察其演变规律,填补城市色彩时态完整性研究的空白。

第三、整合传统城市色彩研究成果,包括理论研究、实践形成创新研究理论,完善城市色彩理论体系。

第四、整合城市色彩观念,在全球化背景下,我国城市色彩观念受到极大的冲击,因此需要提供更加具有科学理论的依据,引导城市色彩观念的正确发展,使城市色彩走向健康、平衡之路。

第五、整合城市色彩体系,对于一个复杂系统的研究不应该仅仅停留在局部研究,而是需要放眼全局,把控整体趋势,整合、完善体系,研究其内在发展动力机制以便于预测趋势,有针对性地制定发展策略。

第六、整合城市色彩文化的凝聚力和调适力,有利于中华民族传统文

1 郑园园. 尊重文化多样性 [N]. 载人民日报, 2005.

2 单霁翔. 城市文化与传统文化、地域文化和文化多样性 [J]. 南方文物, 2007.

化的生存繁衍更新，对繁荣发展传统文化等具有极大的整合功能。

3.7.2 调控功能

调控功能是城市色脉的基本功能之一，首先，通过预测城市色彩演变趋势并进行宏观调控，使城市色彩从无序走向有序的健康、平衡发展，对调控城市色彩秩序具有积极的实践意义。其次，对城市色彩观念意识进行校准，协调经济发展与城市合理发展之间的矛盾，使二者协同竞争发展。然后对城市色彩发展趋势的调控与把握，主动探究城市色彩系统中的内在演变机制，而不是被动应对层出不穷的城市色彩问题，最终通过城市色彩控制策略，筛选有利于城市色脉健康、平衡发展的基因并进行强化，而对于破坏性的城市色彩基因进行抑制性管控，使城市色彩系统协调发展。

3.7.3 发展功能

对于处在研究发展瓶颈期的城市色彩来说，寻找解决城市色彩本质问题的突破口，使城市色彩有序、健康、平衡发展成为当下亟待解决的问题，基于此背景，提出建立城市色脉系统。

第一、当前全球化背景下，城市色脉对传统城市色彩基因延续、发展具有重要意义，因为城市色脉系统凝聚了城市传统文化传承与延续的力量，能够保持地域色彩基因特征，是城市色彩健康、平衡、发展的核心，掌握城市色脉的内涵与演变规律有利于展现真实的城市色彩魅力，营造城市特色风貌。因此，城市色脉的提出直接影响了城市色彩的可持续研究，从而进一步推动城市色彩有机更新。

第二、城市色彩是城市文脉系统的子系统，因此，城市色脉的提出不仅有利于城市传统文化基因的传承，也全面、动态、整体地展现了城市文脉的传承与发展。

第三、城市色彩是城市的直观视觉影响因素，因此，城市色脉的提出有利于城市风貌的营造与建设。

3.7.4 引导功能

城市色彩系统在由感性走向理性，由无序走向有序，由趋同走向特色的发展过程中逐步完善、成熟，一方面遵循城市色彩系统的自组织原则，使城市色彩细胞自发形成、自发协调、自发适应，形成稳定的城市色彩组织；另一方面，城市色彩系统的生长也需要结合人为的外部力量进行弹性控制，因此，城市色脉系统的建立有利于避免城市色彩发展中人为因素干扰引起的色彩问题，并引导其健康、良性循环的城市色彩秩序。在城市色彩观念层面，城市色脉系统能够进一步强化与社会发展相符合的、有发展潜力的城市色彩观念意识，从而全面协调城市色彩规划中传承与创新、融合与特色的关系，逐步完善城市色彩体系，引导城市色彩全面、整体、动态、发展。

第4章 多视角的城市色脉与演变机制

  城市色脉在史脉与地脉的时空背景下，以城脉为实体基础，立足人脉核心精神，融合积淀而成。城市色脉与史脉、地脉、城脉、人脉之间的关系揭示了城市色脉形成与发展的必要条件与影响因素，因此对城市色脉与史脉、地脉、城脉、人脉之间的联系进行系统分析（图4-1），有利于整体、全面地研究城市色彩。

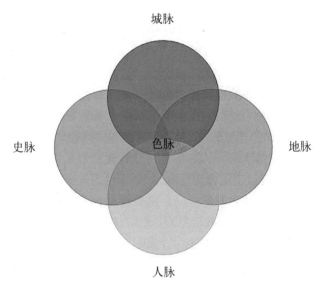

图4-1 城市色脉关系图

（图片来源：作者自绘）

4.1 城市色脉与史脉

  历史的运行是动态的，因此现在也是未来的历史，每个历史阶段都处于历史演变的轨迹中。当代的政治、经济、文化、艺术等都将融入城市的容器中，形成世世代代传承的城市文脉系统，而城市色脉是城市文脉系统的重要分支，也是一个动态演变的有机体。在时间纵轴上，城市色脉真实、全面地反映了历史变革、环境变迁、民族融合、社会生活演化等历史信息，反之，对于史脉的深入剖析也是对城市色脉形成过程的梳理。

1. 制度变革

制度变革是指自然界和社会的发展进程，在这里主要是指历史朝代、社会制度的更替引起的社会结构的变化，历史变革从根本上影响了生产关系与生产方式以及社会人文环境（包括人口流动、社会结构变迁等），从而转变色彩观念，使城市色彩基因发生突变。例如，中华人民共和国成立初期，封建社会制度被彻底废除，一切百废待兴，发展生产力成为社会主流意识，因此，城市中的建筑物色彩甚至服饰色彩均以灰色、白色为主，以利于集中发展社会生产力，此次社会变革使部分城市色彩基因发生突变，改革开放之后，随着生产力逐步提高，思想得到解放，社会生活水平不断提高，城市色彩开始变得多姿多彩起来。

《礼记·大传》："立权度量，考文章，改正朔，易服色，殊徽号，异器械，别衣服，此其所得与民变革者也"。

2. 社会生活

历史角度的社会生活主要是指狭隘层面的大众生活状态、生活痕迹、社会伦理、生活习俗、生产、工艺经验等，是一种活态的历史标本，经过时间维度的积淀，不断传播、积累、传承、延伸至现代社会中，成为人们在不自觉的情况下默默遵守的社会准则与道德约束，并逐步提炼为传统集体无意识的智慧。由于民间社会生活、社会习俗的力量具有自下而上的生长活力，同时具备地域性特征，因此，社会生活对城市色脉的发展具有重要的意义，社会生活对于城市色脉的影响主要是通过微观量变的动态积累，达到一种稳定的城市色彩形态，或是形成固定的色彩观念、色彩搭配与色彩审美。

如今对于历史社会生活的研究，需要借助相关古籍、文字史料与历史风俗画来复原、推测当时的城市色彩风貌，填补城市色脉缺失的过去时态，本文选取宋代、明代、清代各具代表性的风俗画，试图从中探寻历史演变中的城市色彩。

1）宋代清明上河图

张择端绘制的《清明上河图》（图4-2）以高超精湛的绘画技艺流传至今，成为当代人追溯历史图景的重要资料，画中描绘了清明时节，北宋开封郊区与城市内的市井风貌，画中栩栩如生地描绘了集城市街道、桥梁码头、城郭、建筑城楼、车马交通与市井买卖、民间社会生活为一体的开放城市空间，为我们全面地展现了当时的自然环境色彩、城市建筑物主体色彩、街道空间色彩以及船舶、服饰等色彩。从画中我们看出城市色彩以砖灰色冷色调的传统色调为主，主要线脚用金色，在青绿色的主色调中，偶尔点缀红色，借以突出主题。

2）皇都积胜图

《皇都积胜图》（图4-3）被誉为明代的清明上河图，画面为我们展现了明代中后时期繁盛的北京城的整体景观风貌。画面包括了"卢沟桥、正阳门棋盘街、大明门、宫殿等街市繁华的景观风貌，街道上的车马行人熙来攘往，茶楼酒肆店铺林立，招幌牌匾随处可见，马戏、小唱处处聚集有人群看客，金店银铺人潮如涌"[1]，从画面中我们可以提取到自然环境色彩、建筑物立面的红色主体色、绿色的屋顶色彩信息以及交通、商贩、服饰等流动色彩，相较于以灰色调为主的江南城市的淡雅、清丽，红墙绿瓦的北京城色彩显得尤为厚重鲜明。

图 4-2　清明上河图（彩图见书后）
（图片来源：中国建筑史）

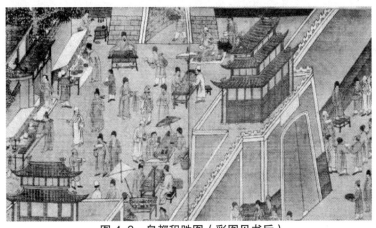

图 4-3　皇都积胜图（彩图见书后）
（图片来源：中国传统文化门户网站）

3）姑苏繁华图

清代时期，以擅长花鸟草虫、人物闻名的画家徐扬，耗时二十四年创作了《姑苏繁华图》（图 4-4），这是一幅反映 18 世纪苏州古城中的民间市

<hr />

1　韩欣. 紫禁城见证（下）[M]. 北京：研究出版社，2009：288.

井、商贸民俗等社会生活的风俗画，以散点透视技法由乡入城，全景再现了苏州古城的河道水系、土壤、植被等自然生态环境以及民居、城墙、桥梁、公共建筑物等丰富的人文环境，画中详尽而系统地描绘了苏州古城城镇风貌，具有极大的历史价值、艺术价值与社会价值，对于研究江南城市色脉的形成与发展具有重要意义。

图 4-4　姑苏繁华图（彩图见书后）
(图片来源：百度图片)

通过画面，利用现代技术祛除杂质的影响，可以较为准确地采集苏州古城内丰富的色彩信息，包括两千多栋民居建筑物主体色、辅助色、点缀色、装饰彩画、桥梁色彩、街道色彩，亭台楼阁等公共建筑物色彩；其次是行人服饰色彩、游船色彩、商号招牌等流动色彩，由于，此时清代城市色彩观念呈现多元化发展趋势，西方色彩理论已经在各个领域崭露头角，但力量较弱，不足以与传统色彩系统抗衡，因此，苏州古城城市色彩中仍以传统色彩基因为主，城市整体色调以砖灰为主辅助红色、黄色，稳定且协调，加之五颜六色的服饰色彩流动于街道中，使苏州古城城市色彩沉稳而充满活力。

通过观察、分析、归纳三幅具有代表性的社会生活风俗画中的建筑、城池的环境色彩信息，深入挖掘城市色脉与史脉的联系，得出以下结论：首先，从宋代到清代的时间纵轴上，传统色彩基因丰富且具有活力，传统色彩系统处于稳定积淀期，并逐步达到顶峰期；其次，由于不同的地域空间形成了具有差异性的社会生活，产生不同基调的城市色彩，例如，南北方城市色彩呈现庄重与淡雅的对比，但整体传统色彩格局是和谐统一的，地域空间中的城市色彩差异是城市色彩系统中复杂性的体现；最后，通过风俗画这种艺术形式，我们发现社会生活一方面通过微观的量变影响、积淀了城市色彩，另一方面，又从宏观的层面呈现了城市色彩演变发展的结果。

3. 价值观念

人的价值观念在一定程度上影响了社会活动的变迁，对社会发展具有重要的意义。从传统到现代，人类色彩价值观念的变化往往成为色彩演变的先声。最初的色彩的价值观念意识是由于对自然的恐惧与崇拜，因而形成以阴阳五行玄学为基础的传统五色审美，随着生产力的提高，社会不断发展，人类征服自然、改造自然的能力提高，逐步被西方以光学物理科学为基础的色彩学说所代替，形成科学的色彩学理论、色彩搭配与色彩审美。在当代社会，随着消费主义、精英至上心态的盛行，城市色彩的价值观念逐步趋于以商业价值为主导的多元化发展，因此，视觉的标新立异成为色彩审美的重要准则。

4. 民族融合

我国地大物博，人口众多，历史上共经历了四次大的民族融合，带来了文化、工艺、风俗、制度的交流与传播，也在一定程度上影响了城市色脉的变迁，先秦时期，历史上首次民族迁徙大融合形成了初步的华夏汉民族，第二次是魏晋南北朝的民族大融合，主要是胡汉杂交融合以及初步的南蛮汉化，第三次是宋辽金元，主要是边疆少数民族与汉族的融合，例如契丹、女真等，第四次是清代时期，主要是满族、汉族与各个少数民族的融合统一，为中华民族大一统格局奠定了坚实的基础。

各民族在不同的地域空间中，由于自然环境、政治制度、社会风俗、宗教信仰的差异，形成了风格迥异的色彩审美与色彩观念，例如回族、维吾尔族等少数民族由于信奉伊斯兰教而崇尚象征生命的绿色，并经常与纯洁的白色搭配形成绿顶白墙的特色建筑风貌，这种独特的色彩审美一直延续到现代建筑色彩中；藏族人民在藏传佛教的影响下，其建筑物大部分采用白色、褐红色、金色的色彩搭配，形成鲜明的民族特色；经过不断的民族融合，藏族特色的建筑色彩已传入中原地区，例如、承德外八庙中的须弥福寿之庙、普陀宗乘之庙（图 4-5）就是仿西藏布达拉宫建筑形制修建的，建筑色彩融合了藏族的红色、白色与清代满汉的红色、黄色、绿色、黑色，体现了多元化的民族、宗教、文化的高度统一。以儒家思想为核心价值观的汉族将黄色、红色作为主要的传统色彩运用于宫殿、寺庙等宗教建筑中，象征至高无上的皇权，至今已成为象征中国传统的色彩符号。

5. 文化变迁

城市色脉蕴含着丰富的文化内涵，历史长河中的文化变迁推动着色彩观念、色彩审美的演化，本土文化促进了传统色彩基因的生长，随着文化

图 4-5　西藏布达拉宫与承德普陀宗乘之庙建筑色彩（彩图见书后）

（图片来源：作者自摄）

在时间维度上的积淀，形成相对稳定独立的传统城市色脉，当外来文化基因侵入时，干扰本土文化组织，二者通过竞争融合，从而达到和谐共生的状态，在这个过程中，本土城市色脉系统也受到振荡，并相应地发生变异。

我国古代时期，原始社会以巫文化为主，当时人类社会对于色彩的选择主要以象征生命的红色、黑色为主，随后的儒家文化在五行文化的基础上将红色、黄色、青色、白色、黑色确立为正色，形成中国传统五色色彩体系，而道家文化崇尚自然，主张无为，推崇黑色，佛教文化的传入使黄色、白色和谐地融入了本土色彩基因中，成为本土宗教建筑中的主要色彩。

全球化的袭来不可避免地对我国传统城市色彩风貌造成了严重的冲击，并使其逐步走向趋同化，而地域文化的觉醒使城市色彩再次回归传统本土色彩，因此，多样化的文化因素使城市色彩日新月异，异彩纷呈，如果不能在繁杂的变化中把握传统文化发展的本质，那么城市色彩仍将混乱无序。

4.2　城市色脉与地脉

地脉是指不同地域空间的自然地理环境、地域文化的传承发展，如果说史脉是在纵向时间维度上对城市色脉的考察，那么地脉是通过横向空间维度上来探讨城市色脉的，因此，史脉与地脉共同构成了城市色脉的时空背景。

不同的地理环境会显著地影响城市色脉的形成，"在特定的地域环境中，人们会根据特殊的地理环境特征，包括地形、地貌、土壤、水文的差异，运用当地材质，采用适宜的技术来灵活建造符合当地自然特征的建筑"[1]，从而决定了整体建筑空间环境的色彩。例如，南北方民居建筑色彩由于地理条件差异而不同，北方建筑材料多采用灰色砖瓦、土坯和木料，色彩不得不使用基色和中性色；南方民居多青瓦粉墙，颜色淡雅，梁、柱使用深褐色或紫黑色油漆，与自然环境相互协调，非常雅致[2]。

地理环境的差异形成各具特色的城市色彩形态，而这些城市色彩形态与色彩关系共同承载着鲜明的地域文化，例如，国内的浙江乌镇呈现出黑、白灰淡雅色调、具有多民族融合特色的河北承德避暑山庄庄严辉煌的建筑色彩、国外西班牙格拉纳达城市色彩以红黄白暖色调为主，呈现休闲安逸氛围的色彩风貌等（图4-6）。

图4-6　乌镇、承德避暑山庄、西班牙格拉纳达市不同地域建筑色彩对比（彩图见书后）
（图片来源：作者自摄）

不同的地理空间内凝聚了不同种族人类群体的智慧、精神寄托与情感归宿，并由此创造了具有本土特色的地域文化，其中包括物质文化与非物质文化，经过世世代代的传承，建构了多元统一的地域文化格局，即以黄河文化、长江文化、草原文化为主要源头的华夏文明，而地域的差异也形成了风格迥异的地域文化观念，例如岭南文化、中原文化、吴越文化、楚文化等，从而影响了城市色彩的价值观念、审美偏好、用色标准、色彩象征寓意等。例如，以湖北为主要发源地的楚文化，由于当地对凤文化的崇尚而偏好红色；而长白山一带由于常年冰雪覆盖的地理环境使朝鲜族人民崇尚白色；川西南地区由于高山峡谷地理环境形成了黛山黑水的自然景观，使当地纳西族崇尚神秘的黑色。地域文化与色彩观念相互契合，反映在人们生活中的各个领域，包括建筑、彩画、服饰、家具装饰等。

1　韩欣. 紫禁城见证（下）[M]. 北京：研究出版社，2009：288.
2　高履泰. 建筑的色彩 [M]. 江西：江西科学技术出版社，1988：41.

随着全球化强势袭来，本土地域特色逐渐处于弱势地位，城市色彩走向趋同化，而在专家学者对"千城一色"的批判反思中，又再次回归地域文化，并与现代文化融合发展，呈现多元统一的趋势。因此，应当结合史脉与地脉形成完整的时空背景，以更加立体、全面的视野研究城市色彩，深入挖掘城市色脉的内涵与价值。

4.3 城市色脉与人脉

文中的人脉主要是指以人为本的可持续发展精神。"以人为本"是东西方传统文化的基本思想，春秋时期齐国名相管仲最早提出了以人为本的思想，《管子霸言》中"夫霸王之所始也，以人为本，本理则国固，本乱则国危"，诗经等古籍文献中也有相关以人为本的论述。古希腊哲学家，普罗泰戈拉（公元前 490—公元前 421）提出著名的论断："人是万物的尺度，是存在的事物的惊讶，也是不存在的事物不存在的尺度[1]"，文艺复兴之后，西方哲学先后经历了人道主义、人文主义等思潮，并推动了社会历史的发展，如今，以人为本对于构建现代和谐社会具有重要意义。

人脉是城市色脉发展的精神灵魂，被大众接受、认可的色彩具有延续、传承的生命意义，否则将失去色彩活力。因为人创造了具有视觉审美的色彩，同时也是色彩的使用者，包括城市色彩、建筑色彩、服装色彩、装饰色彩等，都是人类通过观察、发现、创造而形成的，随着社会的进步，不断深化发展对色彩的认知，以满足人类不同层次的需求，如生存需求、审美需求，安全需求等，尤其是精神层次的需求，即运用城市色彩为大众营造具有归属感、认同感的场所精神。

日本的东京市就曾出现过一场市民的"色彩骚动"，在消费主义的主导下，城市基础设施包括公交车、广告灯箱都采用了艳丽的高彩度色系，使市民感到心绪烦躁，为此提出了批评，迫使东京市政当局纠正色彩的偏差[2]。我国西安城市色彩规划由于市民的视觉与心理不适应，也经历了一些波动，原本城市的主色调定为灰色，又加上了土黄色和赭石色作为城市主色调，突兀而且缺乏细致考量的色彩设计，单调的色彩在城市中大面积蔓延，破坏了古都风貌特色，政府这种限时强制的城市色彩管控策略遭到了西安市民的强烈反对，有记者在街头随机对西安市民做了调查，结果有多名市民持反对意见，一位老师傅这样说道："我从小就在西安长大，西安房子的颜色、布局，我是看着变化过来的，觉得很舒服、亲切，要是突然将

1 北京大学哲学系外国哲学史教研室. 古希腊罗马哲学 [M]. 北京：三联书店，1957：163.
2 郭永言. 城市色彩环境景观规划设计 [M]. 北京：中国建筑工业出版社，2006.

房子的颜色统一成一种颜色，觉得很别扭，实在不好看[1]。"

在建国初期，我国的城市建设中以提高生产力为主，建筑色彩呈现单一色调，建筑色彩、城市环境色彩呈现"工厂模式化"形态，随着生产力逐步提高，人们对于生存空间的审美需求、精神需求不断提高，渴望更加丰富多彩的城市色彩形态。当代城市色彩规划以自上而下的方式为主，长官意识、经济利益等因素占据主导地位，忽略了大众的色彩心理需求、色彩视觉体验，导致色彩混乱、污染等问题，因此人在城市色脉的发展过程中始终处于核心领导地位。在城市发展的新时期，保持城市色脉与人脉的高度协调统一是城市色彩可持续研究的必要条件，我们应当始终从人的角度出发，在城市色彩规划中坚持以人为本的人脉思想，注重人的色彩观念的需求与表达，结合社会经济、政治、技术因素，塑造具有人性化、丰富内涵的城市色彩风貌。

4.4　城市色脉与城脉

城脉是指狭义层面上的城市空间有形形态以及城市整体格局。在城市风貌中，色彩总是先于形体而被视觉感知，形成人们对城市的第一印象，而城市色彩也不能脱离城市空间单独存在，而是基于城市空间形态的实体基础，从单体建筑色彩过渡到城市街区色彩，最终延展至整体城市空间中，从量变到质变、从微观到宏观的积淀与演化，形成整体城市色彩格局，因此，城脉是城市色脉的实体发展基础，二者相互依存，相辅相成；当建筑空间组织、功能分布、布局方式、城市实体环境、空间形态发生改变，城市色彩格局也随之改变。

4.5　多维度的城市色脉解读

"时空观念作为人类最基本的群体意念，展现着某种文化体验和认识世界的方式与角度，是决定一个民族精神特征的基本要素之一"[2]，因此，本文从时间维度、空间维度两个层面全面、立体地解读城市色脉系统。

4.5.1　时间维度中的城市色脉

时间与空间二者构成了一个不可分割的整体，但是在当前的城市色彩研究中，过多侧重研究城市空间与城市色彩的关系，而忽略了时间对城市

1　西安规划局定城市色调 街头被访群众大多反对. 阳光报，2009. http://v.sn.vnet.cn.
2　童淑媛. 时空融合观念下的中国传统建筑现象与特征研究 [D]. 重庆：重庆大学博士学位论文，2012.

色彩系统内在演变的影响，使城市色彩研究缺乏全面性，由于时间维度中包含丰富的时态元素，从晨昏日落、四季变化到时代变化中都蕴含着城市色彩演替循环的轨迹，因此本文从时间维度度量城市色彩变量的尺度，并提出城市色脉、城市色轴等概念。

时间维度中的城市色脉，由城市色彩的过去时态、现在时态、将来时态构成（图4-7），城市色彩的过去时态主要通过文字、图片史料等主观描述表达；现在时态以城市色彩规划为主要手段，运用城市色谱、图文数据库等表达；未来时态将统筹、整合城市色彩的过去时态与现在时态的研究成果，形成城市色脉网络，通过归纳城市色彩三个时态的演化过程，提炼城市色轴的宏观意向。

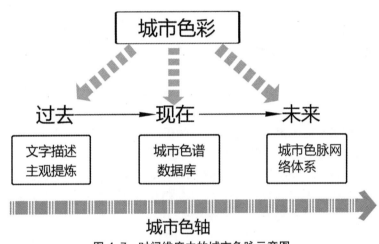

图 4-7　时间维度中的城市色脉示意图
（图片来源：作者自绘）

在城市色脉系统中，过去时态与现在时态之间临界区域内的城市色彩基因、信息、能量运行的每一帧动作，都是构成城市色脉演变轨迹的重要组成部分，而这个区间内的城市色彩运动也是城市色脉系统演变的核心力量，因此，深入细化研究时间纵轴上城市色彩进化的关键节点，有利于掌握其内在演变规律，预测未来城市色彩发展趋势。

时间因素、空间因素、社会历史因素等共同塑造了不同历史阶段的城市风貌，不同时间纵轴上的城市色彩具有不同的历史痕迹与文化形态，因此映射在城市空间中形成具有差异性的城市色彩风貌。根据不同的历史进程，将城市空间划分为老城、旧城、新城三个区域。清朝末期至民国初期的建筑物、城市环境的历史遗存区域为"老城"，以1949年中华人民共和国成立后至20世纪90年代期间时间段为主的城市风貌遗存保留区域称为

"旧城"。20 世纪 90 年代后期至今,扩建、再建、新建城市区域为"新城"[1],一般来说,老城、旧城由于时间纵轴的积淀较为深厚,城市色彩基因更加复杂,在多元化文化背景下,城市色脉也更为敏感、脆弱,现代城市色彩基因的刺激可能引起老城、旧城城市色脉的突变、断裂甚至崩塌,容易造成色彩污染、混乱无序、极端化发展、古今色彩拼贴、色彩碎片化等问题。新城的城市色彩在最终确定具有自身特色的城市色调时,需要时间维度的探索与实践积累,而新城城市色彩在时间纵轴上的生长周期较短,色彩组织新陈代谢较快,缺乏具有主导性的色彩基因参照、引导,因此,城市色彩规划初期处于不稳定状态,容易产生城市色彩混乱、趋同等问题。

城市系统是动态生长的,每一座旧城、老城曾经都是一座新城,因此根据时间纵轴的积淀程度对城市色彩进行科学分区,对城市色彩基因进行归纳、分析,依据不同的时间厚度,运用不同的控制力度,对城市色彩基因采取强化、取代、融合等不同模式的控制措施。对于老城、旧城空间中的传统色彩基因进行更新、修复、延续,并整体监控城市色彩发展。对于新城来讲,吸取前车之鉴的教训,注重城市色彩基因信息的保留以及运行轨迹的记录,为将来时态的城市色彩积累丰富详细的色彩数据信息资料,从根源上保证城市色彩系统信息的真实性、连续性、完整性,从而建立完善的城市色脉"族谱",为城市色彩发展奠定基础。

因此,掌握城市色彩的过去时态与现在时态之间的演变运行轨迹以及本质规律有利于引导新城色彩基因健康生长,把握城市色彩发展趋势。例如,京杭运河(杭州段)两岸的色彩规划从时间维度出发,"将整个规划区域划分为历史、现在、未来三个片区,给予了相应的规划原则,依建设时间划分不同时间建设的城区会被打上不同的时代烙印,从而具备不同的色彩特征"[2]。时间维度对于城市色脉研究的现实意义在于梳理、归纳、整合城市色脉,从而把握城市色脉内在演变规律,主动应对城市色彩问题,对城市色彩进行整体性、前瞻性、针对性、预测性的控制,引导城市色脉系统健康平衡、良性循环。

4.5.2 空间维度中的城市色脉

随着时代的发展,城市色彩在消费主义、理性主义下"表现出一种扭曲的色彩审美观,在现代主义再造新城市的狂热理想和商业利益最大化追求的驱使下,几个世纪的城市物质结构积淀突然中断,城市的物质、社会、

1 黄斌斌. 城市色彩特色的实现中国城市色彩规划方法体系研究 [M]. 浙江:中国美术学院出版社,2012:95-97.
2 王岳颐. 基于操作视角的城市空间色彩规划研究 [D]. 浙江:浙江大学博士学位论文,2013.

历史等被大规模地破坏，那些与居民生活密切相关、承载美好记忆的城市空间渐渐被侵蚀"[1]，城市空间中的精神灵魂——城市文脉也被阻断，与此同时，城市文脉系统中的核心力量——本土城市色脉系统也逐步弱化，取而代之的是趋同化、均质化的"纽约化"和"曼哈顿化"的城市色彩风貌。

首先，在空间维度上，传统与现代的矛盾始终贯穿于城市色彩演变过程中，具有深厚的传统历史积淀的现代化大城市，在传统保护与现代发展的两方力量拉锯下，现代发展的力量在竞争中成为主流意识，但是，传统城市色彩依旧存在于旧城、老城城市空间中，其生命力也不容小觑，在这样的压力下，无处不在地介入现代化城市空间的孔隙中得以生存。例如，在城乡接合部可以清晰地看到城市的现代化与理性化已经抛弃了传统城市色彩基因，曾经承载着生活痕迹的城市色彩，因不符合现代城市美化标准而遭到冷落与排斥，甚至清除，然而传统的力量并未消失，而是成为社会潜意识，以顽强的生命力默默抗争着，形成独具特色的城市色彩形态。其一，传统城市色彩与现代城市色彩并置在同一城市空间中，这种"古今穿越"在视觉上形成了超现实主义拼贴景象；或相距一定空间，呈现整块色彩面积围合状的孤岛相离形态；或距离较近，穿插、相交、共生。其二是嫁接状态，将现代城市色彩基因与传统城市色彩基因嫁接，当色彩基因相互融合，符合城市发展需求，并促使传统色彩基因获得新生时，推动、延续传统城市色彩健康、平衡发展，当二者未能和谐发展时，则成为城市色脉中的畸变组织，不利于城市色彩的健康发展。

因此，在城市色彩空间布局中，首先，应明确城市色彩空间结构，然后在具体的街坊空间内进行细化，对各等级色彩空间的节点和轴线进行详细规划设计。对于多个街坊组成的城市片区来说，在进行色彩规划时以城市总体空间结构为基础，确定该片区在色彩总体空间结构中的定位，并进一步明晰其的"点、线、面"关系。例如，天津中心城区城市色彩，以城市主要环路为边界，将城市空间分布区域分为四种类型进行宏观控制，形成有序的城市色彩分布，并对四种类型街区的色彩控制进行分级，主要划分为保护、严控、控制、管制四级（图4-8）：

1. 保护区：对于城市色彩特色和文脉的主要代表的历史型街区色彩控制为保护级别。

2. 城市核心区（严控）：其功能的完整性和丰富性是全市最高的地区，除历史保护核心区之外，其开发强度也是全市最高。

3. 城市中部区（控制）：快速环路与城市核心区之间为过渡区，为公共设施较集中和高密度住宅区。

1 杜佩君. 京杭运河杭州段两岸城市色彩规划方法与实践研究 [D]. 浙江：浙江大学硕士学位论文，2012.

图 4-8 天津中心城区城市色彩梯度控制示意图（彩图见书后）

（图片来源：天津市规划局）

4.城市外围区（管制）：快速环路与外环线之间为城市的主要居住区和大规模开放空间和低密度公共设施区。

长期以来，城市色彩的研究侧重点在于对空间地理形态的分析与整合，从城市个体对自身空间上的色彩关系研究，到整个城市群的色彩关系与空间分布，而处于空间交界地带的城市色彩则被忽略，由于边界处的城市色彩活动较为频繁，此处的城市色脉更加脆弱，城市色彩问题较多，不仅需要注意自身系统的色彩基因选择与定位，更应当注意色彩关系的过渡，色彩分布形态与文化形态、空间形态的时代需求的契合。因此，解决城市色彩问题的关键环节是需要结合周边城市色彩关系，梳理色彩发展趋势，找准定位，通过强化、更新本土色彩基因，提升自身特色，加强边界地带城市色彩基因的主导性，营造与城市过渡区相互匹配协调的城市色彩风貌。

此外，应当始终从动态发展的视角来研究城市色彩，随着地域研究范围不断扩大，现代社会城市色彩不再局限于历史文化积淀深厚的城市空间，新兴城市空间对于城市色彩的管控与重视程度也在逐步提升，因此，在新兴城市空间中建立城市色彩时空框架具有同样重要的意义，不仅为新兴城市色彩风貌确立主导性、塑造城市色彩性格，也为将来城市色彩发展提供了色彩基础信息以及参照依据。

4.6　多视角的城市色脉解读

将城市色脉系统视为具有多样性、复杂性的类生命体，分别从微观、中观、宏观视角来解读城市色脉，从而更加全面地掌握城市色脉系统。对于城市色脉的研究不仅仅是对过去色彩的借鉴与保留，而是更注重色彩的过去时态与现在时态临界点区间的演变阶段，有助于探索其内在演变机制。

4.6.1　微观视角下的城市色脉

1. 空间界面

从地域空间尺度来讲，微观视角下的城市色脉主要是指单体建筑物色彩的延续与传承，包括历史街区内的重点历史文物保护建筑、一般历史保护建筑物色彩的保护与更新、城市中现代建筑色彩的优化搭配、协调管控等（图4-9）。单体建筑物色彩是城市色彩宏观形象的重要组成部分，也是积淀城市色脉的主体，经过不断演化、新陈代谢，由单一建筑色彩细胞走向城市色彩组织，从而构建了城市色脉系统。当建筑物色彩基因的量变引起渐变活动，逐步形成带状、片区的城市色彩质变，最终得到社会集体意识的认可，成为城市主色调，延展至城市整体空间中。由于城市中任何建筑物色彩的改变，都有可能引起一系列的整体城市色彩风貌的变化，因此我们不能忽视单体建筑色彩的重要性。在城市建设中，对于具有优良色彩基因的传统建筑色彩予以延续和保留，提取优质色彩基因与现代建筑色彩融合共生，剔除不具有积极、发展意义的建筑色彩，使城市色彩有序发展。

图4-9　厦门大学、哈佛大学教学楼单体色彩（彩图见书后）

（图片来源：作者自摄）

2. 时间界面

在时间界面上，城市色脉的微观意向表现在时间纵轴上，通过城市色脉切片模型，可以观察到每个时间段落的城市色彩形态都是城市色脉在时间界面中的微观意向，包括过去时态、现在时态、未来时态均是城市色脉时间界面中的微观表达，并逐步积累成为中观、宏观的城市色彩形态。

4.6.2　中观视角下的城市色脉

中观视角下的城市色脉分为空间层面与时间层面两部分。首先，中观空间层面的城市色彩形态由微观系统中的基因、细胞、组织在带状、线性城市空间聚合而成。此外，由于线性城市空间能够从视觉上展现城市色彩的动态性与轴线性，因此，对于城市风貌带的重点区域，需要通过延续城市色彩细胞的活力来维护城市色脉的连续性、整体性；如城市滨水带、城市街道、特殊景观视觉廊道等，"城市街道作为观察者的行进轨迹，决定了城市色彩的空间展现次序，构成了城市色彩景观的视觉廊道（图 4-10、图 4-11）；沿道路所观察到的具有不同色彩特征的城市片区可以理解为城市色彩景观中的区域，而这些色彩景观区域的界限大多数情形下表现为街区之间的自然区分街道，或一个街区内建筑物背街一侧所形成的内向的空间"[1]。

传统历史街区是由历史建筑物单体聚合而成的城市线性空间，当建筑色彩个体细胞之间不断渗透、交织、连通、重组色彩空间分布秩序，构成新的城市色彩组织，并通过新陈代谢、积淀传承形成与城市带状、线性空间相吻合的多样化城市色彩组织。

图 4-10　塞维利亚城市街道色彩（彩图见书后）

（图片来源：作者自摄）

1　王岳颐. 基于操作视角的城市空间色彩规划研究 [D]. 浙江：浙江大学博士学位论文，2013.

图 4-11　西班牙城市龙达街道色彩（彩图见书后）

(图片来源: 作者自摄)

4.6.3　宏观视角下的城市色脉

宏观视角下的城市色脉分为时间层面与空间层面。在空间层面上，城市中连绵、聚合的城市色彩状态，包括整体基底"强调城市生命体的系统化、有机化与一体化，在充分认识城市细胞构成要素的基础上，对城市的总体空间分布进行控制引导，以城市的共有色彩基因在不同地段衍生变化，在远景、中景、近景上的丰富与和谐，依据色彩间的相互影响与混色，突出强调色彩感知的整体性与连续性，建立强烈特征意向的城市色彩图景"[1]，例如宏观的美国旧金山、加拿大城市色彩整体形象，清晰地展示了现代城市色彩发展脉络，以及色彩关系（图 4-12、图 4-13）。

图 4-12　美国旧金山城市色彩鸟瞰（彩图见书后）

(图片来源: 见图名目录)

1　李文嘉. 城市文化视域下的城市色彩控制构建——城市生命体的活性色彩探究 [C]. 中国流行色协会学术年会论文集. 中国流行色协会，2013.

图 4-13　加拿大城市色彩鸟瞰（彩图见书后）

(图片来源：作者自摄)

4.7　城市色脉切片理论模型建构

4.7.1　城市色脉切片模型

通过跨学科研究，借鉴生物遗传学、基因学中的切片概念以及新文脉主义理论体系中的"文脉切片"理论模型，对城市色脉系统进行深入研究。

城市色脉是一个复杂庞大的开放系统，是动态发展的活态有机体，也是城市文脉系统中的子系统，具有多样性的生命体征、属性以及跃动的新陈代谢功能。通过引介新文脉主义理论体系，将复杂庞大的体系归纳、抽象简化为模型，试图深入剖析其演变过程以及发展趋势，在特定历史社会条件下，选取具有代表典型意义的局部城市色彩片段样本，如特定时间段中，某个地域空间内的城市色彩变化，试图以城市色彩中的某个典型片段推演城市色彩内在运行机制，达到以小见大的效果。通过提取时间维度内的城市色彩基因，从纵向视角研究其延展、裂变、生长的运动轨迹，解读、提炼城市色脉演变特征，提出"城市色脉"理论模型概念，并延伸至"城市色轴"。

城市色脉系统包括由显性表达和隐性表达两个系统，其中自然地理环境属于显性表达；隐性表达包括社会文化及集体意识行为心理、色彩观念等，色彩系统中细胞、基因、组织经过不断交换、重构、并置共同建构了城市色脉系统。显性、隐性系统中的各个元素在"城市色彩阈限"的控制下，不断转换、互动、更新，在某个时间纵轴上，城市色脉系统中的某种因子在竞争中占据主导地位，于是成为影响城市色彩的主要因素，当该因子被城市色彩阈限压抑，成为影响城市色彩发展的次要因素时，城市色彩系统内部发生渐变活动。

基于空间维度的城市色彩研究，已经形成了丰富的研究成果，而对于时间维度上的城市色彩研究，大部分为史料文字描述，缺乏对其演变规律以及内在动力机制的深入探索，例如，过去时态的传统城市色彩形态是现代城市色彩实践的重要参照物，而我们对于过去时态的城市色彩研究仅仅止于描述性论述，缺乏色彩信息收集以及深入研究，通过城市色脉切片理论模型，再现时间纵轴上城市色彩的积淀、扰动、异变、适应调节的过程，阐述城市色彩的运行关系以及相互之间的联系，有利于掌握演变规律以及运行机制。

城市色脉切片具体的含义是指在"城市色脉切片"的理论模型的某个时间段区间中，截取一个完整的城市色脉片段（图 4-14），对于时态转换的临界点附近的演变活动，现在时态的运动轨迹进行全面、完整的追踪观察，并剖析城市色彩系统中各个细胞、组织、基因信息的繁殖、变异活动，通过阐述某个时态过渡期间的整体城市色彩形态，展现城市色彩的演化过程，通过模型可以观察某个时间段完整模型的构成因子信息；其次，它包含了切片形成前的色彩运行轨迹。

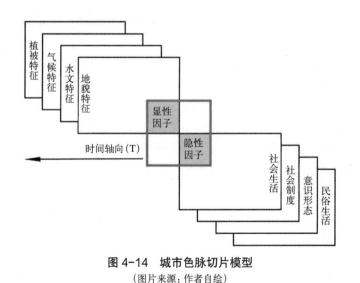

图 4-14 城市色脉切片模型

(图片来源：作者自绘)

"城市色脉切片"概念的提出对于与城市色彩含义的时间维度转化具有重要意义，成为城市色脉演变表象与本质联系的桥梁，利用"城市色脉切片"模型概念有利于透过现象分析本质，探索城市色彩的演变规律，是全面、立体研究城市色彩的重要途径。

4.7.2 "城市色轴"的提取

通过"城市色脉切片"模型研究城市色彩在时间纵轴上的演变路径，提炼切片内每个时间段内的城市色彩基因以及主要影响因子，从而明晰城市色彩的发展脉络。在不同的时间段，城市色脉呈现不同的发展状态以及不同的时代特性，而这其中由城市色彩系统中特定的主导因素决定，包括社会、经济、军事、技术。城市色脉系统中的色彩基因、细胞、信息、能量在不断地置换、重构、突变、衍生运动中循序渐进，最终走向螺旋上升，推动城市色彩从一个时间切片走向另一个时间切片。因此，将城市色脉中的每个时间段内城市色彩形态的连续运动进行剖析、归纳、整合，进一步提取城市色轴（图4-15），此外，21世纪，信息化大数据时代的到来以及对巨型城市群的研究需求，驱使城市色彩的研究已经不能再停留在时间片段内的演变活动了，城市色彩信息的碎片化也导致了不能全面、整体地研究城市色彩的演变规律，因此我们需要注重城市色彩信息的整合。

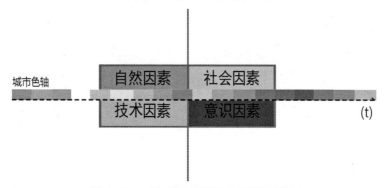

图 4-15　城市色轴示意图（彩图见书后）
（图片来源：作者自绘）

在整合过程中，首先是城市色彩系统内部要素的协同、竞争发展，在城市色彩基底上层层叠加色彩基因、伴随着时间纵轴的积淀，绵长蔓延，代代相传，在城市色脉演变的每一帧运动往复前行，叠加成为城市色轴，梳理归纳城市色彩系统中的色彩基因、组织呈现整体全面时空特性。其次需要提出城市色彩整合的观念与意识。系统内各要素之间相互整合、协同发展，使城市色脉呈现整体性特征；整合活动逐渐走向整体性，系统内包含丰富的物质信息、历史文化信息、社会集体意识、社会制度等，并综合影响了城市色脉的延续发展，其中丰富的要素、能量，自发形成，自发新陈代谢，自发调节适应，自发平衡，使自身处于动态、有机、更新发展中。而动态有机的信息能量的变动、转换、杂糅并存形成了城市色脉系统的多元化发展趋势。在"城市色脉切片"模型中，主要影响因子包括自然因素、社会因素、意识形态因素、城市色脉系统中的各个构成因素，周而复始的运动，从传统色脉切片走向现代城市色脉切片，经过历史空间、时间秩序的演绎，进化并形成"城市色轴"城市色轴是隐形、宏观的，因此需要借助城市色脉切片模型，并通过对城市中观、微观层面的色彩信息的筛选、归纳、汇总提炼而成。以历史文化积淀深厚的城市——大同为例，截取城市色脉的微观层面，剖析大同市政府建筑单体在时间纵轴上的色彩演变，提取不同时代、不同政治因素、经济因素、技术因素影响下形成的城市色彩基因，并整合形成代表微观层面的城市色轴，通过城市色轴，我们可以清晰地看到建筑色彩从19世纪30年代到现代，由于技术的变革使建筑材质产生变化，从而间接影响了建筑色彩基因，从传统的暖色调转化为现代的无彩冷色调（图4-16）。

20 世纪 30、40 年代

20 世纪 90 年代

21 世纪

图 4-16　大同市政府色轴的提取（彩图见书后）

（图片来源：作者改绘）

其次，以具有独特城市文化的天津为例，通过剖析天津标志性建筑物——百货大楼的建筑色彩演变（图 4-17），从而提炼微观层面的城市色轴，19 世纪 30 年代，哥特式建筑风格的百货大楼建筑色彩以传统地域色彩砖灰为主；随着租界文化的介入、融合，外来色彩基因——暖黄色逐渐蔓延至城市建筑中，19 世纪 40 年代，由于火灾的影响，天津百货大楼进行了重建，采用石砖材质，建筑立面主色调确立为米黄色；19 世纪 80 年代，发展生产力成为社会主流意识，城市色彩系统产生突变，色彩的宏观形象为蓝、黑、灰，此时的百货大楼建筑色彩呈现无彩灰色、白色等；19 世纪 90 年代，百货大楼建筑色彩焕然一新，由于租界文化与传统文化的融合以及建筑材质的更新，城市色彩基因呈现多元化发展，建筑主色调以传统的砖红色为主，辅助蓝绿色的玻璃材质，从而使传统与现代融合协调发展。通过对比两座城市微观层面上的城市色轴提取分析，以历史文化古都——大同的城市色轴演变因素相对较为单一，在建筑色彩的进化中，整体色调从暖色调走向冷色调，在一定程度上说明城市色彩由传统走向现代的趋势，而天津城市兼具租界文化、传统文化与现代文化，城市色彩系统演变活动较为复杂、活跃。

图 4-17 天津百货大楼色轴提取（彩图见书后）

(图片来源：作者改绘)

4.8 城市色脉演变的影响因素

4.8.1 城市自组织力量

城市自组织力量是城市色彩基因在没有外来色彩异质基因侵袭干扰下的自我生长、自我积淀，通过其可以清晰地解读城市色彩基因细胞个体聚合、强化自身基因组织系统。影响城市色彩自组织力量的因素首先包括自然环境（地理、气候、水文等），其次是城市色脉系统内部的演变机制。城市色脉中的色彩自组织力量是城市色脉形成的基础，也是其演变发展的核心力量，对城市色彩有机发展具有重要意义。

4.8.2 城市他组织力量

在城市色脉系统中，他组织力量主要是指系统本身之外，影响控制城市色脉发展的力量。城市他组织力量表现为：城市规划部门、城市政策管理者依照自身的意愿对城市色彩系统提出发展的"外部指令"，进行自上而下的规划、设计、协调、管控等干预行为，从而实现符合城市功能、需求的城市色彩规划格局。

4.9 城市色脉的演变进程

自组织是一个自发形成、自发演化的过程，包含着物质从原始到高级，单一到复杂，混沌无序到有序状态等演变过程。宏观的宇宙万物演替以及微观的自然界生命系统的进化在自组织演变进程中不断繁殖、更新。在自组织系统中依据系统内要素、组织的复杂程度划分为简单的自组织现象与复杂的自组织现象。基于以上自组织演变原理，自然地联想到复杂系统——城市色脉，将城市色脉系统视为活态的有机生命体，随着时间的推移，城市色脉从初期的简单自组织现象进化为复杂的自组织现象，运用生物学中的胜汰原理、拓适原理、反馈原理、乘补原理、瓶颈原理、循环原理、多样性和主导性原理阐述其内在演变运行机制。利用"城市色脉切片"模拟推演其内部演变过程：包括延续与发展、渐变与突变、错位与断裂、竞争与协同、取代与融合。

城市色脉演变过程总体上呈现以下三种情况：

第一种情况是城市色彩基因免疫力、生命力较强的一方利用置换、兼并、取代等方式，介入、干预、扰动处于弱势的色彩基因，导致了极端化的城市色彩问题，这种情况普遍存在于当前的城市建设中，例如城市旧改中粗放的更新方式使传统城市色脉产生突变。

第二种情况是生命力较强的一方在竞争中不断排斥、剥离弱势色彩基因，使城市色脉趋向孤立与碎片化，二者相互背离，阻碍了城市色彩系统的健康循环与发展，我们要尽量避免这种情况的发生。

第三种情况是城市色彩基因以本土传统积淀色脉为核心，结合外来基因优势，并使二者达到耦合共生状态，形成杂糅交融的状态，实现多元化统一发展，总体来讲，城市色脉的演变，遵循自然界的生态循环原理，城市色彩信息通过置换、重组、变异、调节适应等活动不断循环演替，从而进一步促进城市色彩基因的良性循环与健康发展，这也将是城市色彩发展的理想状态。

4.9.1 本土基因自发积淀

城市色彩本土基因在自发积淀的过程中形成了显性的城市色彩视觉形象与隐性的城市色彩观念，二者相辅相成，互为依存，固有的色彩观念意识影响城市色彩的视觉形象，反之，城市色彩形象也促使城市色彩意识形态的积淀与凝聚。

在未经规划等自组织手段的调控下，作为搭建城市与色彩之间桥梁的本土建筑单体色彩细胞，在自然资源配置与社会因素的吸引下自发由点、线、面聚集成为城市色彩组织，在一定社会条件下，生长发展期保持相对的封闭性、独立性，通过自我生长、自我调控、自我适应等来强化城市色彩组织内部的组织免疫力，从而增殖演替循环，随着城市色彩基因的生命力不断强盛，形成稳定的城市色彩组织结构，最终形成具有城市主色调特征的城市色彩风貌。

在城市色彩本土基因自发积淀的过程中，本土的城市色彩观念意识形态逐步强化提升并占据主导地位，对大众色彩偏好的观念意识也产生了潜移默化的影响。不仅在时间秩序上影响了当下与未来的城市色彩择色、用色与搭配，在空间秩序上也影响了城市中心区域、过渡区域、城乡结合等边界区域的城市色彩关系。

4.9.2 外来基因侵袭介入

城市色彩的传承结构包括城市色彩基因组织、城市色彩空间布局以及城市色彩意识等。在全球化背景下，外来城市色彩异质基因逐步侵袭本土城市色彩传承结构，并不断衍生、增殖、强化。由于外来色彩基因力量强弱差异，对本土城市色彩传承的影响也分为三个阶段。第一阶段，当异质城市色彩基因力量、辐射面积较小时，对本土色彩基因组织仅仅产生扰动的影响，本土城市色彩仍处于主导地位，城市空间布局整体呈现本土色彩特征。第二阶段，在社会因素的影响下，异质城市色彩基因力量逐步强大，具备了足以与本土城市色彩组织抗衡的能力，传统与现代的分歧，本土与外来的矛盾，双方力量不断拉锯并产生摩擦，在激烈的碰撞之后，二者开始试图初步互相适应，形成中西合璧等嫁接的畸变现象，本土色彩基因逐步处于弱势地位，在城市色彩空间中不再占据主体色，而本土的城市色彩观念意识也受到排挤与忽视。第三阶段，当异质城市色彩基因自身生命力较本土城市色彩基因更为旺盛，且处于强势地位时，异质色彩基因介入体在本土城市色彩组织中置换、重组并增殖，从而取代本土城市色彩基因，使城市色彩整体呈现外来城市色彩特征，传统城市色彩基因组织产生断层，本土城市色彩意识被彻底压抑至隐性区域，成为社会集体无意识部分。在异质城市色彩基因侵袭的过程中，本土城市色彩基因始终发挥着自我愈合、自我调节、自我适应的作用，与强势城市色彩基因不断竞争和妥协，经过漫长的调整、更新、适应，逐渐演变成为相对和谐稳定的城市色彩风貌。

外来城市色彩基因对本土城市色彩的侵袭介入程度取决于其是否强势，例如，天津、青岛、大连等城市都经历了先后被多国殖民的历史，后又被日本殖民，在多元化文化基因侵袭下，日本文化影响处于弱势，而绝对强势的欧洲文化基因促使本土城市色彩基因变异，在竞争中选择顺应强势的欧洲色彩基因，形成目前具有异域风情的城市色彩风貌。

4.9.3　走向胜汰协同融合

达尔文的优胜劣汰、适者生存核心始终是自然生物界与人类社会发展不可抗拒的普遍规律。城市色彩的竞争适应最终走向演替循环是随时间而变化的动态过程，遵循生物学中的胜汰原理，城市色脉系统中的色彩基因、信息能量在特定的时空中总体是守恒的，但随着交换、重构、振荡、竞争等活动，以及外部异质色彩基因侵袭，导致基因组织之间存在差异，强大的基因在竞争中获得生存机会并取代弱势基因，重构城市色脉系统要素组合序列，产生新的基因，因此，城市色彩永远不存在所谓"顶极状态"的最终形式，始终处于演替发展融合的过程中。

在异质城市色彩基因入侵并与不同城市色彩基因抗衡的过程中，由于社会因素以及需求使异质城市色彩基因形成主导优势，其强势的生命力、竞争力表现为在城市空间中的延展、扩张以及对本土色彩空间的取代与吞并，而处于弱势的具有顽强生命力的本土城市色彩基因通过调节融合，最终与异质城市色彩基因杂糅共生。

4.10　城市色脉内在演变机制

4.10.1　积淀期：延续与发展

在城市色脉系统中，色彩基因、细胞、组织始终处于置换重组、杂糅并存、动态循环演进的过程中。延续是城市色彩在最初的积淀期基本的运行方式，发展是城市色彩的生长动力，城市色彩的延续与发展的运动轨迹基本遵循了自然界中适者生存的生物定律，当城市色彩基因与城市主流文化背景相符，且没有色彩异质基因侵袭与扰动时，城市色彩基因在时间维度上不断积淀、不断强化、不断延续，最终聚合、蔓延、稳固生长，通过不断自我复制、自我增殖、自我强化，循环往复，呈现城市色彩系统自我健康运行的"内稳态"。当传统城市色彩个体细胞蔓延达到一定密度，超过临界点时，城市色彩形态由最初的个体建筑物色彩延伸至线性状态的街区色彩，最终聚合成为片区状态的城市色彩。

城市色彩的延续与发展是城市色脉形成的重要方式，而城市色脉通过在时间维度上的不断累积深化影响了城市色彩的性格、城市色彩关系以及城市色彩整体风貌。由于地域、社会、历史等因素的差异，国内城市与国外城市色彩存在不同的生长状态，国内城市色脉现状呈现曲折、振荡的线性状态，城市色脉延续发展以线性的历史街区空间为主，以较为孤立的活态标本形式存在，与日新月异的大都市空间形成鲜明对比，呈现城市色彩的碎片化拼贴景象，这种景象在亚洲、东南亚发达地区的拥挤型城市尤为突出。与国内碎片化城市色彩不同，国外城市色脉呈现区域化、面状形态，并稳定积淀延续，与现代城市色彩协调融合，例如塞维利亚、马德里、巴塞罗那等。

国外案例：

巴塞罗那的城市规划很好地保护了城市肌理，尊重历史、重建历史，在历史的氛围内塑造空间，因此给每位深处其中的游人留下了历史感与现代化和谐共生的印象。塞维利亚城市以及格拉纳达等欧洲城市都较好地积淀了历史色彩基因，形成具有特色的健康平衡发展的城市色彩风貌（图4-18、图4-19）。

国内案例：

大同市鼓楼东街内的关帝庙是大同唯一一座元代建筑，由于遭到严重破坏，成为孤殿。"2008年开始，市政府开始修复关帝庙及鼓楼东街周边环境，吸取推倒重建的经验，遵循修旧如旧的原则，依据街区原有风貌对鼓楼东街街面及四合院民居进行整体修复"[1]，通过对大同鼓楼东街街区进行调研，发现在修复过程中，主要采用重建与复建两种方式，因此，鼓楼东街既有新修建的牌坊，也有整旧如旧、原样保留的门楼、梁架、砖石构件、砖雕壁心等，力求从材质、形式、色彩肌理等方面保护、延续传统街区风貌。

由此可见，对于传统色彩的延续与保护逐步从单体建筑色彩延伸至街区、城市，从而较完整地再现古城历史色彩风貌，大同历史街区中的古建筑物修复不仅保留了传统建筑物，也激活了历史街区的色彩基因，提升了城市文化底蕴，在色彩修复的问题上，不仅局限于文物保护建筑物，更扩展蔓延至邻域空间现代建筑物色彩，从而避免古建筑色彩背景的视觉污染、城市色彩穿越，拼贴等问题。

---

1 http://www.dtnews.cn

图 4-18　塞维利亚和谐稳定的城市色彩形态（彩图见书后）

（图片来源：作者自摄）

图 4-19　西班牙格拉纳达城市色彩（彩图见书后）

（图片来源：作者自摄）

4.10.2　干扰期：渐变与突变

通过对城市色彩演变内在动力机制的模拟，对城市色彩的干扰期进行深入研究是掌握城市色彩内在演变规律的核心环节。渐变与突变的方式一直共存于城市色彩变异机制中，二者互为依存，通过模型我们可以观察出城市色彩的演变经历着微变与巨变，从而使城市色彩系统不断进化循环，单方面的强调某一种方式都将使研究走向片面化。在城市色轴上，我们可以看出城市色彩发展运动的轨迹，包括城市色彩的渐变状态、城市色彩的突变状态，以及介于二者之间的过渡状态，在传统色彩基因连续、稳定、积淀的运动变化中，临界点附近变化的城市色彩活动最为活跃、微妙，是掌握城市色彩发展质变的关键点。通过详细跟踪，观察城市色彩的渐变运动，发现存在三种运动轨迹。

第一种主要以色彩基因的渐变活动为主，其运行特征呈现有序的递增、渐进，在此过程中，如果没有出现其他异质基因的干扰，我们基本可以预见后期色彩渐变图景。

第二种，通过前期渐变运动能量的积蓄，在临界区域中，渐变逐步走向复杂、多变、刺激的质变阶段，渐变与突变在此处基本合体，表面上是渐变，其实是渐变活动的顶峰，微小的刺激即可使集聚已久的渐变力量爆发成为突变活动，演变结果也具有偶然性、突发性。

第三种为不可预测的突变行为，因其突然产生的大幅度涨落、跳跃、跌宕变化，因此难以掌握演变规律、预测运行轨迹，这种突变行为一般会带来新的基因以及发展空间，有时也会产生负向意义的色彩基因突变行为。

综上所述，城市色脉的演变过程呈现渐变与突变的内在统一，而城市色脉的渐变行为与突变行为共同构成了城市色脉系统中的涨落轨迹，是传统走向现代的核心力量。渐变的实质是一种微妙延续的量变行为，大部分运行轨迹保持相对稳定的振荡幅度与频率，进而循序渐进；而突变是一种具有新秩序的突发跃动的质变行为，不受系统的约束，直接跃进；在系统演变活动中，渐变与突变均属于演变活动，二者是统一的矛盾体，"它们所固有的稳定与非稳定因素，正负反馈所代表的恢复旧稳态和寻求新稳态的机制，共同形成了系统演化中必要的张力，将继承性和创新性统一于同一演化过程之中"[1]。

4.10.3 涨落期：断裂与进化

城市色脉系统是城市文脉系统的子系统，自然界、生物界的自然规律使这个看似能量守恒的系统中，存在着各种变化，我们称之为"涨落"，涨落对于城市色脉系统具有双重意义，它的积极作用在于发展进化城市色脉系统，另一方面它的消极作用在于当涨落过度时，城市色彩基因错位断裂，城市色脉系统趋于崩溃、混乱，无序。

随着大规模城市建设，工业化以及城市色彩观念意识、城市色彩基因涨落过度形成城市色彩的极端化发展，最终导致了城市色脉的断裂，变异期的临界点附近的色彩活动状态是我们研究的重点，通过研究固定时间段

1 张勇强. 城市空间发展自组织研究——深圳为例 [D]. 南京：东南大学博士学位论文，2003.

内的城市色彩变异活动的特征，由此可以反映城市色彩如何由过去的传统走向现代，从过去时态演变到现在时态的城市色彩变异趋势、规律。主要是城市色彩基因受到外来强大他组织力量扰动，并强行阻断其城市色彩内在自组织增殖、延续、发展活动，破坏城市色彩系统"内稳态"平衡，致使城市色彩系统失调。在我国如火如荼进行的大拆大建的城市旧改、美化城市运动中，最初由世世代代的祖辈们积淀而成的传统历史街区色彩风貌，被简单粗暴地破坏。

城市色彩系统涨落过度导致城市色脉断裂，并走向极端化发展，城市色彩系统内的涨落就是异质城市色彩基因的干扰或侵袭活动，是城市色彩系统中的基因信息、能量交换过程，当涨落活动维持在一定程度内，城市色彩系统内的自组织力量仍可以自发修复、自发调节、自发愈合，当波动超过某种阈值之后，系统中的某种基因会膨胀上升为主导地位，导致城市色脉系统新陈代谢功能失调，内稳态失去平衡，最终产生城市色彩基因畸变。

一直以来，人类社会的进化始终在不断的涨落中形成新的秩序，因此，我们联想到城市色脉的涨落波动，城市色脉络系统整体是通过涨落自发形成结构、自我增强，城市色彩基因从单一的细胞形态开始形成组织，当一定幅度的涨落活动出现，适应时代发展需求的新的城市色彩基因出现，并不断壮大、繁殖、蔓延形成具有自身新秩序的色彩组织。在不同的历史阶段，在不断的循环演变中，排列组合形成不同的色彩发展主导因素，在这种涨落活动中，驱使城市色彩进行新陈代谢，提高自身的进化功能，刺激城市色彩能量的转化与更新，重组城市色彩格局。当城市色彩中出现混乱秩序，并影响整体城市色彩系统运行时，一般情况下，经过自我修复、愈合、调整，城市色脉系统会很快把这种涨落吸收代谢掉，使系统整体趋于稳定，当系统不够完善，走向衰落时，这种涨落便不受约束地极端发展，进一步引起蝴蝶效应，导致较大区域城市色彩的无序混乱，此时，需要他组织力量强制调整系统结构。

因此，涨落是任何系统中普遍存在的一种进化的必要条件，我们应当将城市色彩系统中的涨落幅度控制在一定阈值内，并不断完善城市色脉系统，否则城市色彩将走向基因断裂、极端化与混乱无序。

4.10.4　适应期：取代与融合

城市色脉的融合预示着城市色彩走向健康平衡、有机发展状态，其本质是城市色脉切片中的能量、要素合理置换重构，是最为健康、合理的演变机制。城市色脉的融合具有两层含义，首先，融合是指理性状态下的包容与借鉴，需要经过手段来控制，而非肤浅的拿来主义。其次是发挥城市色彩自组织力量，自我适应现代文脉环境，使其具有延续发展的活力，促进城市色脉健康、平衡发展。

城市色脉的融合是在传统城市色彩的引导下，修正调整城市色脉系统中的局部缺陷，汰换劣质色彩基因，吸收现代城市色彩中的优良基因，重塑具有时代意义特色的传统城市色彩。在融合的过程中，对于异质城市色彩基因的侵入需要经过科学严格的控制，并筛选具有传承意义、符合当代城市色彩发展需求的基因进行培育强化。

城市色脉的融合运动是指在社会历史条件稳定的情况下，相同时间维度，将不同地域空间的城市色彩横向联系形成的城市色脉融合，或者在相同时间维度，相同地域空间维度，或相同地域空间维度，不同时间维度上的城市色彩基因相互融合，借鉴传统经验吸收现代精华，强化城市色脉，将城市色彩的现在时态与过去时态交织杂糅衍生出更为进化的城市色彩形态，例如上海新天地、成都锦里的色彩风貌等。

从复杂系统中的整体性来看，城市色彩的发展演变过程中受到各方面多元化的影响，而不是孤立而成的，因此，多元化合力融合能够抓住城市色彩有机更新发展的机会，有利于丰富城市色彩基因，保持城市色彩系统动态更新。

第5章 城市色彩的可持续研究

5.1 城市色彩可持续研究目标

1. 建立城市色彩时空框架

时空秩序的稳定与协同发展是科学研究城市色彩的基础背景，通过建立时间维度与空间维度的城市色彩体系，提供城市色彩数据资源共享平台，传承城市色彩的历史文化、地域文化，预测未来城市色彩发展趋势，从而完善城市色脉系统，使城市色彩健康、平衡发展。

2. 提出城市色脉有机发展策略

将城市色彩系统视为有机活态生命体，针对目前城市色彩发展瓶颈期存在的问题，从城市色彩与文脉的契合点切入，提出以城市色彩可持续更新为落脚点的有机发展策略，包括宏观层面的整合、统筹城市色彩成果平台、中观层面的错位发展策略、微观层面的城市色彩阈限以及色彩过滤器的模拟等。

3. 构建城市色彩有机发展体系

通过运用城市色脉概念、试图构建城市色脉网络，建立城市色彩有机发展体系，从而推动城市色彩有机更新与保护。

5.2 城市色彩可持续研究原则

1. 整体性原则

整体性原则是城市文脉系统保护的基本原则，对于其子系统——城市色脉的保护同样具有适用性。城市色脉的整体性体现在城市空间秩序中的色彩视觉形象的统一、时间秩序上的色彩延续，以及城市色彩观念意识的传承。

首先，空间与时间秩序上的整体性使城市色彩能够保持动态发展，因此，整合城市色脉的时空动态是城市色彩秩序走向良性循环的重要途径之一。

其次，城市色彩的演变发展始终伴随着城市时空的变迁，连续、整体的城市色彩风貌对于塑造城市空间具有重要的意义。城市空间秩序上的城市色脉整体性是指城市中的街道、建筑物等城市空间组织的色彩明度、色相、纯度、冷暖的整体、连续、统一，通过叠加、强化，延续同类色相的城市色彩基因，传达城市精神，营造具有归属感、凝聚力的特色城市空间。当前，为了维护城市色彩的视觉秩序，缓解城市色彩问题，城市色彩规划中对色彩空间的整体性研究较多，而忽略了城市色彩时间秩序的整体性，导致城市色彩的断代化、碎片化、拼贴化等问题。城市色脉的时间整体性是指保持城市色彩基因的时代活力与痕迹，也就是将过去、现在、未来时态的城市色彩基因传承、更新并融为一体，使时间纵轴与城市色轴保持整体一致的发展方向。此外，城市色脉的整体性本质在于科学、理性地延续传统城市色彩意识形态，并与现代城市色彩审美意识融合统一，逐步使人们形成具有发展内涵的城市色彩择色观，树立具有整体性的城市色彩观，对于城市色彩健康、平衡、有机发展具有深远的意义。

随着历史不断变迁，虽然建筑物衰败、破坏并难以完全恢复，影响着城市色彩风貌，而承载着深厚历史积淀的城市色彩观念却已经深入人心，成为一种集体无意识，通过更加灵活、隐形、深刻的方式延续着传统色彩，例如，"法兰克福的旧城在第二次世界大战中被严重破坏，如今传统色彩观念的整体性使人们在现存古建筑周边注重协调延续古城色调，譬如用米黄色做外墙涂料，形成一个色彩小环境来保护和延续传统色调"[1]。此外，天津中心城区在建的居住区等建筑色彩中也包含了传统的砖灰色调以及租界文化带来的砖红、暖黄色，潜移默化地延续了传统历史积淀。因此，城市色彩的整体性对于城市风貌、文脉延续具有重要意义。

2. 原真性原则

城市色彩是活态的历史文化遗产，而原真性是历史文化遗产保护的基本原则，因此，城市色彩的健康、平衡发展，首先要最大限度地保存传统城市色彩的视觉真实性，尤其是对于年久失修的建筑物色彩，需要对照史料等文字图片记载、技术设备等恢复其本真色彩风貌，同时对传统城市色彩的历史文化价值进行传承，提升现代城市色彩的可识别性。其次，强调社会民俗生活中色彩意识形态的原真性，在城市色彩漫长的积淀过程中，社会生活方式、生活痕迹、文化伦理等潜移默化地影响着城市色彩观念意识，进而影响城市色彩的选择运用以及原住民甚至后代的色彩偏好。由此可见，当下的社会生活状态、情感诉诸对于传统色彩基因的传承具有不可忽视的意义。科恩认为："所谓'原真性'并不等于原始，而是可以转变的、被创造的和变化着的，从实际上来看，所谓完全的'原真性'只是一种理想的模式，任何文物的保护不可能被隔绝在真空的世界里，它会随着时间的推移出现新的形式或内容，它是一个活的、动态的文化演变场所。"[2]因此，

1　杨至德.风景园林设计原理 [M].湖北：华中科技大学出版社，2009：194.

2　钟敬文.民俗文化的民族凝聚力 [M].北京：北京民族大学出版社，1994：56.

在城市色彩原真性发展原则中，要注意时间维度上的整体性，城市色彩不可能永久停留在原始形态上，而是无数个点状原真性聚合在时间纵轴上，形成动态原真性轨迹，在解读城市色彩的原真性时，需要考虑到城市色脉的时空转换关系，确保客观、发展地评价城市色彩的原真性。

3. 可持续原则

城市色脉是城市色彩健康、平衡发展的基础与原点，而提炼城市色彩基因的内涵与精粹是城市色彩可持续研究的切入点。随着时代的变迁，城市色脉始终处于动态演变发展中，不断自发生长、自发调试、自发适应不同时代的发展需求，在优胜劣汰、适者生存的生态机制下，具有发展内涵的优良城市色彩基因不断强化、延续、更新，凝聚为城市色彩基因中的精华部分；而另一部分城市色彩基因由于缺乏发展的积极意义而萎缩、退化，被具有发展内涵、时代特征的城市色彩基因所取代，最终遵循自然界的能量守恒定律，构成城市色脉循序往复的新陈代谢演变活动。因此，在城市色彩可持续研究中，应当注重提取优质城市色彩基因，挖掘城市色脉演变的本质，激活城市色脉系统，从而推动城市色彩健康、平衡发展。

5.3 城市色脉系统价值评价体系初探

城市色脉系统是城市色彩可持续研究的核心部分，因此，对城市色脉系统价值进行准确评价是城市色彩健康、平衡发展的必要前提。

5.3.1 评价原则

1. 系统性原则

在城市色脉系统评价体系中，建立了多层次结构体系，包括具有代表性的七个评价类别、七个评价标准、三个评价项目，其中每个评价标准涵盖其他相关影响要素的子系统，每个影响因子都科学、全面、直接反映了城市色脉系统的价值以及特征。为了有针对性地描述不同区域空间内的城市色脉价值，评价项目从宏观、中观、微观层面划分为六个评价子项目。在城市色脉系统的评价体系中，各个子系统互相保持相对的独立性，彼此又存在一定的关联，综合构成一个完整的系统。因此，在具体评价时，不仅要充分考虑各个子系统之间的关联性与差异性，也要统筹把握全局，从而科学、系统、全面地评价城市色脉系统的价值。

2. 可操作性原则

首先，对于不同区域的城市色脉系统的价值进行分类评价，尽可能地选取具有代表性、相对独立稳定的评价指标，剔除繁冗复杂的指标因子，并简化、明晰评价标准，从而全面、精确地评价城市色脉的价值，有针对性地提出城市色彩有机发展策略。

3. 动态发展原则

由于城市色彩是动态演变的过程，因此，城市色脉系统的价值评价也是一个包容、开放、不断更新演变的体系，并始终处于不断深入、完善的状态。在时间、空间秩序中，不同的城市色脉由不同的自然、社会等因素主导而成，随着时间的推移、历史的变迁，主导因素也在动态循环发展，对于同一个空间区域，不同时期的城市色脉系统的价值体现也不相同，由于这种差异性的评价需求，城市色脉系统的价值评价体系应当不仅能够客观地描述一个区域的色脉价值，而且需要不断更新评价指标，建立弹性指标，灵活、动态地评价、识别不同发展阶段、不同区域的城市色脉价值。

4. 层次性原则

城市色脉是一个复杂的系统，将城市色脉价值评价体系分解为清晰明确的层次结构，便于在此基础上进行定性、定量研究。层次性原则将评价项目有针对性、有效地建立在空间地域分层的基础上，包括宏观、中观、微观三个结构框架，由于社会、经济发展水平的差异，宏观层面包括历史性城市与新兴城市两个评价子项目，例如以租界历史文化为特色的天津、青岛，以票号文化闻名的历史名城——平遥等城市都具有深厚的历史底蕴，其城市色脉价值系统较为复杂多样化，与新兴城市色脉的历史价值在厚度、深度、广度上都存在较大的差异，因此，遵循层次性原则建构城市色脉评价体系有利于对城市色彩进行更加精准、科学的研究。

5.3.2 评价体系框架的建立

城市色脉系统是城市色彩可持续研究的重点，对于城市色脉价值的有效评价也是城市色彩有机发展的基础，城市色脉系统的价值评价体系主要用于表达在某一时间段、某空间区域内的城市色脉因子与各个方面因素的协调程度，在层次分析法（AHP）的指导思想下，考虑当前社会、经济发展因素并通过借鉴文脉系统中的价值评价体系，结合城市色脉理论，增加色彩审美维度，参照城市色彩规划资料中的影响要素，综合多位专家打分意见与公众参与意见，经过反复论证，最终确定评价类别、评价标准、评价项目，建立较为科学、全面、系统的评价体系框架（图5-1），以期对未来城市色彩有机发展起到积极主动、引导协调的作用。

研究中，对于评价框架、评价指标、评价项目进行了初步阐述，并探讨评价方法论，其评价体系中各项指标的建立，包括问卷内容的设置等诸多方面详细内容，还有待于在今后的研究中继续完善。

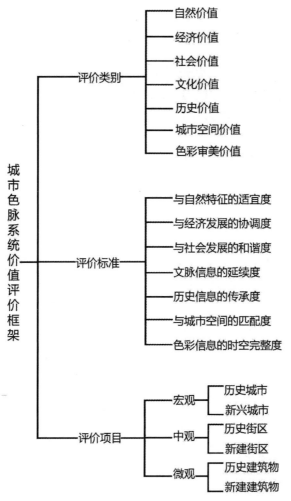

图 5-1　城市色脉系统价值评价框架（图片来源：作者自绘）

5.3.3　评价体系框架要素分析

1. 评价类别

多样化的城市色脉系统中涵盖了各个方面的价值因子，需要我们正确识别、予以梳理深化，从而进行综合评价。

1）自然价值

保持整体、协调、平衡发展的自然生态系统是城市中一切生物系统生存的基础，而城市色脉系统是城市系统中的重要分支，因此整体的自然生态环境对城市色彩的生存具有"自然价值"，具体表现为：在城市兴起初期，自然土壤、植被、水系、气候、温度等自然生态要素决定了城市色彩的基底色以及城市色彩的用色、择色观念意识，当城市色彩发展到一定程度时，反之开始对自然要素产生影响，例如，影响城市自然生态环境的演变，并使自然生态系统社会化、功能化，满足人类社会的各种需求等。

2）经济价值

城市色脉系统具有隐性的经济价值，当城市色调、色彩关系和谐发展并形成高水准、高品质的城市空间时，不仅满足人类社会发展的需求，其宝贵的历史价值与文化价值形成文化软实力，还将为城市空间带来潜在的经济价值，因此，通过整合城市色彩的历史价值、文化价值有利于挖掘城市色脉系统潜在的经济价值。

3）社会价值

在多元化社会发展阶段，城市色脉系统的社会价值体现在凝聚民族向心力、强化地域特色、引导社会和谐发展等方面，因此，通过梳理时空维度的城市色脉，提升城市风貌品质，营造具有场所精神的城市空间，结合其他价值因子共同影响社会发展，从而促进人与社会环境的协调发展。

4）文化价值

文化价值是城市色脉系统的核心价值，城市色脉承载着人类世世代代社会生活、历史文化的传承延续。城市色彩在时间与空间维度上积淀了深厚的文化意义，包括视觉物化与意识形态两个层面，在视觉物化形态上，形成了独具特色的城市色彩风貌，在意识形态上，潜移默化地形成集体无意识的色彩观念，形成了深深打上文化烙印的城市色彩风貌，具有弘扬民族文化与民族精神的传统色彩观念已深入人心，从而有助于提升民族凝聚力，强化本土地域文化与场所精神。

5）历史价值

城市色脉系统是活态的历史文化遗产，也是历史信息的特殊载体，不仅带给我们物化的视觉，也在社会集体意识上打下了深刻的烙印，真实地反映了整体社会发展阶段的历史变迁，基本涵盖了当时的政治、经济、文化、艺术、宗教、民俗、工艺技术等人类社会活动。因此，全面、有效评价城市色脉的历史价值有助于恢复过去时态的城市色彩风貌，彰显城市色脉价值，为城市色彩有机发展奠定基础。

6）城市空间价值

马斯洛的需求层次理论提出人的需求包括生理需求、安全需求、尊重需求、自我实现需求等。城市空间是一个具有包容性的容器，城市中人群的需求与空间的属性促使城市空间实现其价值，人们希望城市空间能够带给人归属感、安全感、地域认同感等，因此，通过对城市空间的使用以及消费过程实现了城市空间的价值，而在城市空间中，最为直观鲜明的视觉就是城市色彩，它先于形体对人的感官产生主导作用，连续、优良、整体的城市色彩风貌有助于提升城市空间的品质与价值。

7）色彩审美价值

对城市色脉系统来说，色彩审美价值的意义不仅在于形成人们对于城市色彩产生一定的审美价值取向，更在于对未来城市色彩创造更高的审美价值。当前，在以消费主义、理性主义、精英主义等为主导的多元化价值定向中，忽视审美价值的本质，制定了各种不同的色彩审美标准，间接导致城市色彩秩序混乱的格局，基于以上背景，应当结合客观因素、梳理整合具有传承、发展意义的色彩审美要素，深入挖掘城市色彩审美价值的本质，树立正确的城市色彩审美观念。

2.评价标准

建立城市色脉系统的价值评价标准是评价框架中的核心内容。基于多元化价值并存的现状，我们应当注重协调矛盾，促进自然、社会、经济、历史文化价值综合发展。

1）与自然特征的适宜度

法国让·菲利浦·朗克洛创立的色彩地理学中认为地貌、植被、气候等自然地理环境直接影响了人文环境的形成，并由差异性的社会人文因素构成不同的城市色彩形象，因此，城市自然生态环境的和谐生长是城市色脉系统价值的基础，只有在尊重自然生态的前提下，才能保证城市人文环境色彩与自然环境基底色整体吻合、协调、稳定发展。此外，城市色彩的"因地制宜"也保证了城市色彩风貌的特色，不同的自然地理环境造就了不同的城市色彩基底，也提出了差异化的色彩发展需求，使城市空间具备不同的色彩属性。

（1）土壤

土壤是在气候、植被、地貌、人为等因素下综合积淀形成的，由于地形因素的影响，土壤色彩也产生梯度变化。城市兴起初期，土壤色彩占据较大面积，在一定程度上，土壤因素决定了城市色脉的发展程度，因此，应当注重城市色彩与土壤色彩的和谐度，例如，天津的土壤色彩为棕褐色并逐步倾向于无彩灰色，与城市色调的砖灰色调相互吻合；秦皇岛市城市色彩规划，在重点风貌区选取与山体、岩石色彩相近的色调，从而使城市色彩规划与自然环境更为融合。

（2）气候

在时空秩序中，气候因素对城市色脉的影响十分微妙，通过时间维度的积淀，气候因素逐步发生改变，其中包括温度、湿度、降水量、雾霾等，并使人们对城市色彩产生了不同的心理需求，从而使城市色彩也随之调整，最终呈现于城市空间中。例如雾霾较为严重的城市，建筑色彩选用彩度较低的色调使其在柔和的光线中显得沉稳，北方寒冷地区建筑色彩多选用中高明度的暖色调正是由于人类的趋暖心理。

（3）水体

水体因素中的水文特征对于滨水、滨海城市色彩的影响较大，包括色彩视觉与色彩观念意识，因此，应当注重水体与城市色彩的关联度，例如，运河城市一般呈现与运河色彩相互吻合的灰色系，滨海城市色彩在得天独厚的地理环境条件下大部分以明度较高的暖黄、暖白色调为主。

（4）植被

为满足人类生活需求，不断改善环境品质，植被种类逐渐丰富，植被面积逐渐增加，植被色彩不再仅仅是点缀色，而是城市色彩中的重要组成部分，并对城市建筑色彩的形成、发展具有一定的影响，因此，需要注重城市中的人工色彩与植被色彩的协调度。

2）与经济发展的协调度

（1）经济利益

在以精英主义、消费主义为主导的理性社会中，应当立足长远，注重可持续的经济利益发展，因此，将是否有利于城市色脉的优势价值转化为持久的、全局化的经济利益为标准。

（2）经济水平

在研究城市色脉的过程中，始终以宏观、全局的视角，依据时空整体秩序审视经济水平与城市色脉的发展程度是否协调一致，例如，在经济水平较低的城镇中，以人为意志植入经济水平发达地区的单体建筑色彩，由于缺乏本土色彩肌理、历史文化内涵、传统色彩审美观念，使整体城市色调与城市环境格格不入，从而破坏了城市风貌的整体性、连续性。

3）与社会发展的和谐度

（1）社会生活

城市色彩与社会生活中的各种文本相关，因此，以城市色脉与社会生活的关联度程度作为标准，其中包括人类社会结构、生产方式、生产关系、生活方式、生活痕迹等。

（2）民俗生活

民俗生活中蕴含着传统文化、宗教信仰、伦理制度等，至今仍然活跃在现代城市空间中，甚至成为一种集体无意识渗透在人们的思维中，潜移默化地约束着社会活动，影响着城市色彩发展观念、审美意识等，因此，城市色彩形态是否与民俗生活中的风俗习惯、民族特征等相符合是评价城市色脉价值的标准之一。

4）文脉信息的延续度

（1）文脉的物象因素关联度

文脉信息的延续，首先是指显性的视觉可感知的物象因素，包括体现文脉表象特征的自然生态环境、人工建筑环境建筑视觉符号等。

（2）文脉意识的延续

其次是文脉系统中的精髓——文脉意识，它是文脉发展的根本源泉，具有隐性的发展潜力。

5）历史信息的传承度

（1）历史空间信息的关联性

在城市色脉价值的研究中，与历史空间以及场所精神的关联度在一定程度上决定了城市色脉价值的大小，当历史空间信息与城市色脉相符，共同构成连续性、整体性的城市空间时就是实现了城市色脉的价值。

（2）历史文化的传承度

城市色脉价值的底蕴在于是否传承了历史文化，没有历史文化积淀的城市色脉是苍白无力的，因此，历史文化的传承度是城市色脉价值的重要评价标准之一。

6）与城市空间的匹配度

（1）已建成环境空间

城市色脉与已建成环境空间的匹配度是城市空间实现价值的基础条件，同时也是城市色脉价值实现的必要条件。

（2）周边环境空间

遵循整体、和谐发展的原则，避免造成城市色彩污染等问题，将城市色脉与周边环境（包括自然环境与人为环境）的匹配度作为标准之一。

7）色彩信息的时空完整度

（1）城市色彩空间形态的连续性

城市色脉信息在空间上的连续性与整体程度直接影响其价值大小，碎片化的城市色脉信息不具备审美价值、经济价值、社会价值、城市空间价值等。

（2）城市色彩时态的完整度

城市色彩时态的完整度是城市色脉研究的重点，掌握丰富、详细的城市色彩时态信息有利于全面、立体、主动把握城市色脉发展趋势，因此，将城市色彩时态的完整度作为评价标准。

（3）色彩基因生长力

城市色彩基因是城市色脉内部组织发展的基础，因此，在复杂、多样化的发展背景下，色彩基因的活力、生长力是评价城市色脉价值的重要标准之一。

（4）色彩组织的包容度

城市色彩基因的多样性与复杂性能够保持城市色彩组织不断更新、演变、发展，通过城市色彩组织的重构，能够提高城市色脉系统的新陈代谢能力，进一步提升城市色脉价值，因此，城市色彩组织内部需要具有一定的包容度。

3. 评价项目

首先，根据不同的空间尺度、历史厚度进行分类研究，包括宏观、中观、微观三个评价项目，历史与新建两个子项目，宏观层面是指尺度最大的整体城市空间格局，中观层面是指尺度较大的街区环境空间，微观尺度则是指尺度相对较小的建筑物环境。

其次，城市色脉系统的价值具有鲜明的历时性，一部分静态价值源于其产生的历史时代所赋予的遗产价值，另一部分动态价值是在社会生活、民俗风情等历史中积淀而成，因此，我们需要从全面、动态、有机的角度来探讨城市色脉。

城市色脉价值评价体系较为全面地涵盖了影响城市色脉价值的因子，包括自然系统中的生态因子，社会系统中的文脉传承度、连续度、整体度、包容度，色彩系统中的生长活力因子等，为全面评价城市色脉的价值提供了科学依据。

5.4 城市色脉系统有机发展策略

5.4.1 宏观层面

城市色脉系统的发展演变过程具有多样性与主导性特征，只有将城市色脉的主导性与多样性合理配置，才能充分发挥二者的作用，实现城市色彩有机发展目标。以城市色彩基因多元化发展结构为城市色彩系统演化的根基，保持系统的稳定，突出主导发展因素，促进城市色彩发展。以当前城市色彩发展为背景，将城市色彩数据库整合分类，将城市色彩基因划分为传统色彩基因、积淀色彩基因、外来异质色彩基因，结合城市色彩阈限模型，依据政治、经济、制度、文化等因素，将城市色彩分类，形成城市色彩基因库，为将来城市色彩发展提供重要依据，进一步全面、整体，动态研究城市色彩体系。

5.4.2 中观层面

1. 城市色彩阈限模拟

通过引介莱布尼茨的"意识阈限"概念，结合色彩地理学等理论，建立"城市色彩阈限"模型，该模型是指主流城市色彩与非主流城市色彩之间存在临界线，当一种城市色彩发展观念与现有城市意识相符合时，这种城市色彩上升为主流色彩并成为显性色彩意识，被社会感知认可，这种城市意识包括政治、经济生产力、传统文化、社会制度等因素，当与社会发展不符时，被压抑成为隐性城市色彩意识领域（图5-2）。

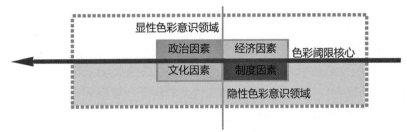

图 5-2 城市色脉阈限示意图（彩图见书后）

(图片来源：作者自绘)

改革开放初期，社会生产力要素被放在发展首位，城市色彩呈现有利于生产方式统一的预制混凝土灰色调，因此，不同饱和度的灰色成为城市色彩的显性因子，而传统色彩被"社会阈限器"过滤压制，脱离色彩观念意识领域，下降至阈限下的无意识领域，成为城市色彩隐性因子，不被察觉，发展较慢，而与提高生产力社会意识相同的城市色彩因子被提升至色彩意识形态，从而被察觉认可，随着社会快速发展，全球化的侵袭、精英意识、消费主义等对社会意识形态的振荡，凸显了夸张、扭曲的现代城市色彩，而传统色彩属于色彩意识阈限之下非主流色彩，随着地域主义、文脉传承、本土意识的回归，传统色彩意识再次被激活，越过临界线，上升至意识领域中，重新得到认可与尊重。

目前，城市与色彩的发展处于多元融合状态，但是存在不同的侧重点。例如，以经济因素为主导的现代城市色彩体系、以社会制度为主导因素的古代城市色彩体系、以政治因素为主导的行政城市、以文化因素为主导的历史文化城市均呈现不同的城市色调（图 5-3），当然，复杂的城市色彩系统中不会单纯的以一种主导因素为主，而是综合其他因素，共同引导城市色彩的发展。

例如，在传统社会中，政治、社会制度、文化因素共同占据较为重要的地位，综合影响城市色彩发展，经济因素则基本被忽略，成为隐性色彩意识。在现代社会中，经济因素占据城市色彩发展的主导地位，其次是政治因素，随着地域本土文化意识的觉醒，文化因素逐渐上升为主流城市色彩观念意识中。而社会制度对城市色彩的影响较低，处于城市色彩无意识领域（图 5-4）。当政治、经济、文化因素为主导时，城市色彩反映着主导因素，例如以政治因素为主导的城市，其城市色彩呈现出相对的等级划分或者赋予城市色彩权利象征的意义。例如，首都北京的紫禁城金黄色的屋顶、红色宫墙与周边民居四合院建筑物的砖灰色、褐色屋顶彰显着鲜明的等级划分，城市色彩被深深地打上了封建社会等级制度的烙印；俄罗斯莫斯科城市色彩也是在政治革命军事因素的主导下形成的，以经济因素为主

134

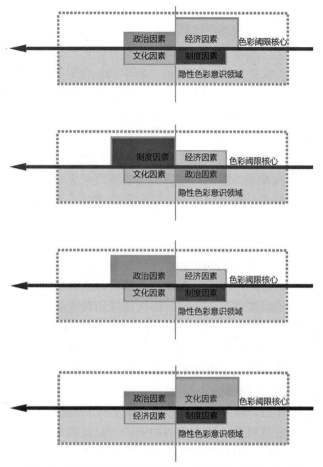

图 5-3　不同主导要素的城市色脉阈限（彩图见书后）

（图片来源：作者自绘）

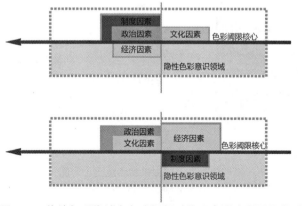

图 5-4　传统与现代城市色脉阈限对比示意图（彩图见书后）

（图片来源：作者自绘）

导的日本东京、美国纽约、我国上海外滩城市色彩整体等呈现不同明度的灰色调，呈现现代金融与高科技的理性色彩。还有一部分传统城市以自然因素为主导，例如江南水乡城市，以本土自然特色的材质形成了灰瓦白墙的城市色彩风貌，欧洲传统城市荷兰、德国等红瓦黄墙的色彩特征。

城市色脉、城市色轴并非静态、一成不变的，其自身也在不断生长演变，必要的时候需要紧密联系城市色彩与文脉的联系，剖析真实的城市色彩基因构成，将各个时期不同阶段的城市色彩色谱、城市色彩数据库等研究成果整合并融入城市色脉时空框架，形成城市色脉网络，明晰城市色轴、推动城市色彩有机发展。因此，在城市色彩实践研究中，应当加强对城市色彩意识的正确引导，尊重城市可持续发展的选择，采取自下而上的方法途径，提炼城市色轴，科学管控城市色彩规划中已建、在建、待建、更新再建等项目，并运用城市色脉、城市色轴验证是否符合城市色彩有机发展规律，从而提升对城市色彩问题预测的准确性、针对性。

在全球化、信息化时代，随着城市系统研究逐渐蔓延、扩展成为城市群、都市带的共同发展。在综合性、协同性城市群发展格局、文脉保护延续的趋势中，作为重要的子系统，城市色彩的研究需要更加开阔的全球化、战略性、整体性视野，重新定位发展目标，寻找突破点，抓住当前文化产业发展的战略机遇，整合、统筹城市色彩成果形成系统研究。

2. 城市色彩基因过滤机制

通过运用城市色彩阈限模型以及弗洛姆的"社会过滤器"概念，提出城市色彩基因的过滤机制。城市色彩基因的选择与使用通过城市色彩过滤机制（图5-5）选取适合城市色脉发展、有利于城市色彩观念意识系统健康运行发展的城市色彩基因进行强化，而将不符合城市发展需求的色彩基因调节至色彩阈限临界线下。

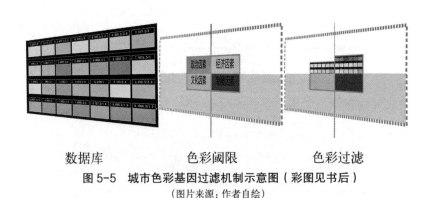

数据库　　　　　　色彩阈限　　　　　　色彩过滤

图5-5　城市色彩基因过滤机制示意图（彩图见书后）

（图片来源：作者自绘）

综上所述，是否以传统城市色彩历史底色网络为主，是否为社会集体

136

色彩意识认可，是否与当代主流文化形态相符合是"城市色彩过滤机制"的三个基本过滤条件。城市色彩过滤机制的作用在于正确引导城市色彩观念意识，从意识形态上解决城市色彩秩序混乱的问题，其次，在于对城市色彩基因的筛选，以保证城市色彩基因的优良性，使城市色彩系统健康运行。

5.4.3 微观层面

1. 筛选竞争

筛选竞争作为城市色脉有机发展策略之一，主要将历史保护街区分类进行色彩基因评价，全方位、立体化保留历史建筑物中的优良色彩基因，不仅延续其自身建筑色彩基因，同时严格管控其单体建筑外围环境色彩，防止形成城市色彩孤岛化、碎片化以及古今色彩不和谐、不相融等问题。对于时间维度积累较弱，自身色彩基因缺乏竞争、延续优势的建筑色彩基因，积极运用他组织力量——城市规划与管理对其进行限制发展，选择适合该区域的色彩基因进行取代。

2. 错位发展

运用生态学中的"乘补原理"调节城市色彩系统中传统与现代之间的关系，重新定位传统城市色彩，在当代经济社会环境中，城市色彩系统逐步演变，现代城市色彩基因相对于传统城市色彩基因上升为主流成分，而此时我们需要将传统色彩基因自发补偿、自发填补并传承发展原有功能，从而使城市色彩系统趋于稳定。这一现象促使"错位发展"策略的提出，错位发展战略源于生态学中的生态位理论，广泛运用于各行各业，尤其是企业生存、市场竞争中。适用于竞争中的弱势力量与强势力量的竞争与协同，将错位策略运用于城市色脉系统的有机发展中，其含义就是在多元化、全球化竞争环境中，使传统色彩基因与现代色彩基因通过准确定位、集中自身优势，避开竞争矛盾，各司其职，错落有序地发展。处于弱势的传统城市色彩基因为了获得延续发展的机会，通过调适生态位，错开强势的现代城市色彩基因，优化自身内在特质，适应现代城市发展需求，提升核心竞争力，从而寻求新的生存发展空间、夹缝求生并得以传承发展，避免出现被完全取代的恶性竞争结果。

3. 低影响共生

城市色脉作为一种看不见、摸不着的隐形力量，无时无刻不存在于社会生活、城市空间中，不断调和着传统城市色彩基因与外来色彩基因的矛盾，使二者耦合共生。因此，采取传统色彩与多元化色彩适度契合的方式：以最小程度干预，最大限度保留传统色彩基底，将传统色彩与异质色彩基因边缘、孤立、间隙等空间微妙、合理地衔接，从而高效引导城市色脉生长，重构传统色彩与现代色彩和谐共生、融合发展的城市色彩有机发展模式。

4. 建立城市色彩过渡缓冲区

城市色彩的时空过渡是城市色彩规划的难点与关键节点，为了缓解由此产生的城市色彩古今互不相融、城市色彩突兀、并置等问题，提出在城市色彩的过渡空间建立色彩缓冲区。首先，城市色彩的过渡区由不同的社会因素、时空因素、文化因素等杂糅而成，具有一定的复杂性与多样性，空间形态与色彩形态缺乏主导性，并呈现多向自发蔓延的生长肌理，如果任由发展，将使其走向孤立、衰落，影响城市色彩的整体发展，因此，在尊重整体城市色彩关系，把握色彩节奏的基础上，适当运用他组织力量给予引导、管控，并使其与周边环境色彩基因互相渗透、融合，既有利于激活过渡区城市色彩基因的活力，也促进了城市色彩的整体和谐发展，从而建立和谐健康、有机发展的城市色彩格局。

5. 城市色彩有机发展具体措施

1）提升城市色彩整体性协同发展

2）整合城市色彩研究成果

3）融合文脉视角，拓展城市色彩平台

4）建立城市色彩基因数据库

5）加强城市色彩基因的管理

6）重视城市色脉系统性、整体性发展

7）注重城市色彩时间纵向的归纳

8）科学控制引导外来异质色彩基因发展

9）树立城市色脉的观念意识

5.5 城市色彩有机发展控制流程

在城市色彩有机发展的控制流程中，首先需要整合、筛选、优化城市色彩数据，对于历史保护城市，注重结合未来城市定位，选取城市底色，并根据主导因素来分析、确定如何融入新的城市色彩基因；对于新兴城市，注重筛选原则，过滤劣质城市色彩基因，并培育、强化优质城市色彩基因，最终形成城市色彩主色调。

5.5.1 城市色彩数据分类整合

将采集的建筑色彩样本分析归纳后，建立"城市色彩数据库"，其中应包含主要街区、建筑色彩材质的基本信息、建筑的色彩信息（主体色、辅助色、点缀色等）、色彩样品信息三类。"城市色彩数据库"包含了不同空间维度、时间维度中的城市色彩信息，通过参照城市色脉切片模型，分析城市空间中各个分区、分类的色彩样本，整合城市色彩时态，梳理城市色轴,将城市色彩信息划分为传统色彩底色基因、积淀色彩基因、异质色彩基因三大部分;其次,依据城市色彩阈限模型,将城市色彩信息按照影响因素划分为政治性色彩基因、经济性色彩基因、文化性色彩基因,制度性色彩基因等。

5.5.2 异质城市色彩传入风险评估

随着社会不断发展、城市建设快速推进,现代城市色彩组织中不断融入多样化的外来、异质色彩基因,对传统色彩组织造成一定的扰动与振荡,如果不能正确、理性控制异质城市色彩基因的生长,将使城市色彩振荡幅度超过城市色脉系统的承载力,导致城市色彩走向极端化发展。因此,以城市色彩推荐色谱、参考色谱为数据基础,结合城市色彩阈限模型对外来异质城市色彩基因进行评估,即在城市色彩数据化前提下,以社会可持续发展因素引导城市色彩基因发展,避免主观人为对城市色彩发展的臆断。

城市色彩的异质基因传入与多方面因素有关,例如社会主流意识、色彩观念、自然气候、政治因素、文化因素,经济因素等。

对于城市色彩异质基因的评估主要包括蔓延扩散能力、与本土城市色彩基因的竞争能力、包容度、发展潜力等,选取城市空间分区色彩样本,评估城市色彩基因与传统本土色彩基因的竞争力,是否比传统城市色彩基因更适应社会可持续发展的需求;是否具有长远发展的生命力。

首先,评估异质城市色彩基因传入的可能性、传入的风险性、发展的局限性、稳定性,是否破坏城市色彩基底,是否具有包容度与传统本土色彩基因融合,是否具有发展潜力,符合城市发展、大众意愿,色彩心理的特征等。

对异质城市色彩基因蔓延、扩散能力进行评估,是否具有持久的色彩生命活力、能否健康延伸、蔓延形成完善的城市色彩组织。

综上所述,在城市色彩前期研究成果的基础上,融入城市色彩阈限模型,客观、谨慎地引入外来异质城市色彩基因,保持城市色彩系统内部生态平衡,从而有序、稳定,发展。

5.5.3 城市色彩基因适宜性评估

在当前社会发展背景下,以城市色彩数据库为基础,运用城市色彩阈限模型,评估异质城市色彩基因风险,筛选、过滤城市色彩基因,并通过考察、分析进行综合评估,依据城市色彩优劣程度再次划分等级。

城市色彩基因的适宜性评估首先是城市色彩空间分布适宜度,是否与城市空间属性、定位相匹配,是否体现城市空间品质与特征,是否彰显城市个性特色等。其次是城市色彩基因与社会发展的适宜度，是否延续传统文脉观念，是否符合社会生活的需求，是否正确表达社会价值观等。

5.5.4　城市色彩基因筛选

当前，在传统与现代碰撞、交融的时期，城市色彩基因变异频繁，对城市主色调的定位，由于缺乏对事物本质的认知，过多地依赖人为主观臆断与信息化数据的分析都是不科学的，应当注重城市色脉系统内部演变机制，并将数据信息与城市色彩阈限模型结合，参照色彩数据分析结果，综合社会、城市，色彩观念发展的主导因素，全面、科学地筛选优质城市色彩基因，从而为城市色彩主色调定位提供依据。

在对异质城市色彩基因传入风险评估与色彩适应性评估的基础之上，对于既破坏城市整体色彩组织，又不符合城市主导因素的色彩予以剔除，依据城市色彩基因适宜性等级层次，保留具有代表性的、生命力较强、包容力较强、适应能力较强、承上启下承转能力较强、符合时代需求发展、促进社会健康发展的城市色彩基因，进一步精炼、筛选，为下一步城市色彩基因优化奠定基础。

5.5.5　城市色彩基因优化

经过以上评估、过滤、筛选流程，城市色彩基因已符合当前城市可持续发展的需求，并达到一定水平，但整体特征较为均质，仍缺乏主导性与预测性，因此，着眼于未来城市色彩发展，提升、优化城市色彩基因，加强城市色彩的预测性、代表性，提高色彩调和度、匹配度，以城市色彩底色为背景，强化与未来城市发展主导因素相符的色彩基因，弱化属性模糊的城市色彩基因，从而提炼城市色彩精髓，明晰城市色彩发展脉络、主从关系，使城市色彩特色更为鲜明，有利于进行有目标、有层次的城市色彩管控。

5.5.6　建立城市色彩基因库

通过对城市色彩进行详细周密的调研，分析归纳城市色彩数据，整合调研信息，建立城市色彩信息数据库，便于在未来城市色彩规划中随时掌握城市色彩发展水平。为了进一步梳理、把握城市色彩未来发展趋势，对城市色彩数据库中的异质色彩基因介入风险评估、色彩基因适宜性评估、过滤筛选，依据优良水平、适宜程度，将色彩基因划分为不同等级层次，并进行综合提升、优化，从而建立具有发展内涵的城市色彩基因库，整合、提升城市色彩格局（图5-6）。

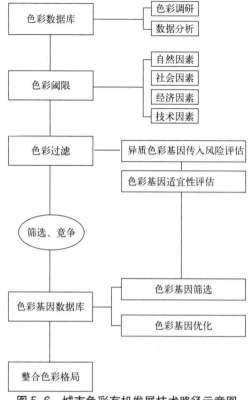

图 5-6　城市色彩有机发展技术路径示意图

(图片来源：作者自绘)

5.6　城市色彩可持续研究的实践意义

城市色彩的有机发展对于不同历史厚度、不同空间形态的城市，具有不同的实践意义。

5.6.1　旧城旧区

随着城市更新高峰期的到来，对于旧城旧区中传统城市色彩的延续与传承，主要包含两个方面，其一是传承、积淀、整合、管控城市色彩信息，建立完整的数据库，并依据城市色彩基因优化原则进行筛选，经过相关专家以及大众参与评审，构建历史城市色彩基因库，随着社会不断发展，监控、调整色彩基因库，为城市色彩发展提供动态的历史色彩数据信息，填补城市色彩过去时态信息的空白。其二是发展，随着全球化强势来袭，处于弱势地位的历史传统城市色彩，需要运用城市色彩错位发展战略，使传统色彩基因与色彩形态保留在相对稳定的区域空间内夹缝生存，因此，错位发展战略是城市色彩走向健康、平衡发展的重要途径之一。

5.6.2 新城新区

对于新兴城市、城市新区来说，现在时态的城市色彩就是未来的历史，首先，对于新兴城市的色彩数据库进行整合、分析，并对外来异质城市色彩基因活力、色彩包容度、传入风险性进行评估，最终筛选优良的城市色彩基因进行强化、融合，将优质的，适应社会、城市发展需求的城市色彩基因建库、优化、提升，并进行相对独立封闭的培育，以便形成新城、新区稳定的城市色彩风貌，提炼城市色调，积淀城市气质。在实践过程中，主要侧重运用城市色彩有机发展战略中的筛选竞争、建立城市色彩基因库等策略，从而选取具有持久生命力的城市色彩基因，积淀历史色彩基因信息，为新城、新区城市色彩规划提供参照依据。

5.6.3 过渡区

城市过渡区包括功能属性的过渡、传统与现代空间的过渡、新城与旧城的过渡。城市色彩的有机发展对于时空因素极度复杂的城市过渡区具有重要的实践意义。首先，整合城市色彩数据成果有利于梳理、统筹城市色彩资源，明晰城市色彩发展趋势与脉络，使缺乏主导性、多向、自由蔓延的无序城市色彩组织转向符合城市有机发展的有序色彩组织，从而激活失落的城市空间，修复碎片化的城市色彩，保持城市色彩的连续性与稳定性。其次，城市过渡区是既具有活力又脆弱的区域，在过渡区内孕育着新的城市色彩基因与色彩秩序，也是最容易断裂、突变走向失落的区域。因此，在城市色彩控制策略中，应当根据不同地域、不同功能属性、不同城市发展需求对城市过渡区色彩进行协调。

第6章　城市色彩的可持续研究——以天津中心城区为例

"色彩的词汇深深锚固于对土壤的记忆和对建材的使用中，体现在信仰和标志里，它和我们的世界如此紧密相连，天空里、光线中、气候水土，甚至在不断流逝的时光里……"——让·菲力普·朗克洛

6.1　天津城市色脉构成

本章以天津城市色脉系统为例，运用城市色脉理论，引介生物学中的显性基因与隐性基因来解读天津城市色脉的构成。

天津城市色脉的显性基因主要是指可察觉感知的因素：包括自然因素中的土壤、地貌、气候、光照、植被、水文等。在可感知的显性因素中，海河水系不仅孕育了丰富的城市形态，也影响了城市主色调的积淀、城市色彩关系与城市色彩格局的演变，在海河水系与水文化对大众色彩审美心理的影响下，海河沿岸城市色彩趋于灰色系，而土壤色彩由于不同的地形地貌综合因素积淀形成无彩灰色调。此外，由于气候、日照、土壤等因素，北方温差较大，冬季干冷不利于植物生长，城市色彩具有强烈的季相变化，植被对于天津城市色彩的影响，具有一定的波动性与限制性，一方面点缀、丰富了城市色彩层次，另一方面，相对于南方城市，植被色彩缺乏持久性，冬季的城市色彩呈现无彩灰色系、白色等。

天津城市色脉的隐性基因是指不易被视觉感知的因素，需要通过领悟精神、总结形成抽象的逻辑范式，包括文化形态、政治制度、工艺技术、经济因素、社会生活等。

1. 文化形态

天津由于特殊、复杂的地域形态与多民族融合、人口流动等原因以及传统中庸和谐的审美文化，综合形成了多元、包容的文化形态。著名作家冯骥才先生提出天津的三个文化空间，一是代表儒家意识形态的老城文化空间，二是代表异质文化基因的租界文化的侵袭，三是依托海河地理位置优势以及历代漕运文化的积淀形成的码头文化空间。

2. 政治制度

一方面由于地理位置接近北京，受到传统封建社会的影响，天津城市色彩保持了传统的灰色调；另一方面，清朝末期，由于沿海的地理位置以及政治制度因素，天津被迫成为通商口岸，随着列强的不断涌入，西方各个国家以租界空间为载体，融入不同的建筑风格、装饰审美、色彩偏好，如今天津城市中的砖红、暖黄色调就是在当时的政治制度变革下形成的，并最终融合积淀了具有中西文化特色的城市色彩基调。

3. 经济因素

由于天津城市的陆运、海运交通较为便利，南来北往人口流动频繁，带动了工商业、金融业的发展，这种地理优势与交通优势也为当代天津城市发展奠定了基础，从而进一步影响城市色彩风貌走向现代化。

4. 工艺技术

工艺技术是城市色脉变异的重要途径，基于传统工艺与砖、瓦等本土材质的因素，城市色彩趋于自然材质的暖色调与砖灰色调，随着工艺技术水平不断提高，涂料、金属、玻璃、有机合成材料逐步运用至城市建筑中，使城市色彩逐步转向技术色彩的冷色调，重新塑造了城市色彩表情与性格。

5. 社会生活

丰富多彩的城市社会生活构成了深厚的历史积淀，也是城市色脉有机、延续、发展的内在动力，因此，在城市色彩规划中，注重社会生活形态的延续，有利于发扬传统城市色彩文化。由于天津城市地理优势、人口流动、交通便利、深厚的文化底蕴等因素，形成了多样化的社会生活类型，主要包括民俗、宗教与市井文化；例如佛教文化建筑——大悲院，道教文化建筑物——玉皇阁，天主教文化的载体——西开教堂等在城市空间中各具特色，和谐发展。另外，天津城市中的大街小巷、胡同等传统空间也衍生出异彩纷呈的相声、曲艺、杂技、茶馆等生动鲜明的市井生活形态。

6.2 天津城市色脉演变历程分析

天津是一座已有六百多年历史的"九河下梢"城市，在原始社会时期，这里就已存在北京人、山顶洞人的生活足迹。东汉末建安年间，曹操下令开凿，将南部的淇水导入白沟与清河汇合，初步形成海河水系，由天津入海；元朝初建，海运开通，得名海津镇，为天津商业北方重镇地位垫上最后一块砖；明朝永乐初年，燕王朱棣挥刀进京，赐此地"天津"之名，意为天子渡河之地；随后，天津逐渐成为贸易货运周转地，从而形成漕运文化，相对于其他历史悠久的城市来说，天津是一座特殊的城市，与生俱来的城市包容性、多样性不仅使其色彩内涵丰富，色彩基因多样化，也有利于在现代社会发展中保留自身特色，与现代城市色彩渗透融合，而不是生硬地嫁接、拼贴城市文脉。

天津城市色彩基因多样化发展，首先由于自身特殊的地理环境使其成为运输、交易的重要城市，海河文化、漕运文化，贸易往来本身促进了天津的人口流动，多民族、地域文化形态、社会生活、民俗风情的杂交、融合为天津成为包容，多样化城市的基础条件。天津城市的自然环境色彩、人工环境色彩与社会历史生活色彩共同作用形成天津城市色彩的基底色——砖灰色，其次，由于外部他组织力量的扰动与侵袭，当天津城市色脉中的政治军事因素占据主导力量，色脉切片产生突变，城市色彩基因组织中异质城市色彩成为强大的基因组织，此时砖红、暖黄色成为城市色彩主色调，这也为后期天津成为"万国建筑博物馆"奠定了基础。

通过整合归纳天津城市色脉的构成因素、演变规律发现与其他殖民城市、开埠城市不同的是天津自身的运河地理条件汇聚了各个民族多元化特色的文化底蕴，在此基础上融入租界文化，产生了强烈的文化碰撞，城市色脉演变活动也更为活跃，从而形成丰富多彩、独具特色，中西合璧的城市色彩风貌。

梳理天津城市色脉的演变过程，首先从城市色彩的过去时态开始，可以从传统绘画资料中解读一些传统城市色彩信息，例如，清代乾隆时期画家江萱运用写实的手法描绘了当时的北运河，也就是潞河的城市风貌（图6-1），画中包含了天津三岔河口一带寺庙宫殿、民居、街道、商铺等社会景观风貌，呈现了运河、植被等自然环境色彩、行人服饰色彩、码头船舶等流动色彩，街道色彩以及红墙与绿瓦互相映衬的寺庙宫殿、黑瓦白墙的民居商铺等建筑色彩，详实地记录了当时的城市色彩风貌，由于封建社会鲜明的等级制度，城市色彩秩序井然、层次分明，已初步形成城市色彩格局。

图6-1 潞河督运图局部（彩图见书后）
（图片来源：北方网）

145

以城市色脉理论为基础，依据时间顺序，天津城市色彩的演变发展主要经历以下阶段：

6.2.1 传统商业时期城市色彩积淀期

康熙年间，天津成为北方经济商贸中心，主要以漕运文化、海河文化、封建传统文化，市井文化形态为主。

明末清初时期，封建社会系统内部发生了微妙的变化，当封建王朝加强中央集权，延续对边疆、少数民族强化管辖的政策，巩固中华民族大一统局势的同时，历经几千年繁华的封建社会制度已经逐渐走向衰落，随着封建社会经济的发展，社会生产关系已经悄然发生改变，初期资本主义生产关系进入萌芽期，在特定的社会历史条件下，虽然在西学东渐的影响下，西方的科学技术已经在社会生活等各个方面崭露头角，文化形态逐步走向多元化，外国侵略者的扰动对此时的中国传统文化形态产生了一定的影响，但是封建儒家思想、文化形态依旧是主流意识形态，文脉系统中各元素、信息、能量经过不断转换、重组，进入活跃期，并影响其子系统——城市色脉的演变。总体来说，此时的城市色脉承古萌新，但是由于上千年的传统观念因素、社会集体无意识占据主导地位，传统城市色彩基因以及免疫功能仍然是十分强大的，加之缺乏一定的刺激因素，城市色彩依旧处于自身的传承、积淀期，外部因素的变化未能影响整体城市色彩基底与格局。

明朝时期，天津筑城设卫，于海河"三岔河口"西南，建成"棋盘格"的老城厢，老城厢的建筑色彩传统气息浓厚，城内各类建筑受到封建等级制度的严格限制，建筑色调整体呈现出砖灰色，而老城厢周边的寺庙则采用了不同色彩的建筑材料，如玉皇阁为九脊歇山顶，黄琉璃瓦辅以绿色剪边；大悲院的大雄宝殿为绿琉璃瓦歇山顶，而山门呈土红色（图6-2）。在

图6-2 天津大悲院建筑色彩调研（彩图见书后）

（图片来源：作者自摄）

这个时间片段中，天津的城市色彩积淀以地理因素与军事因素为主，宗教等其他因素附属于这两者，地理因素主要是指依托海河发展渔业经济，军事防卫特色呈现基本稳定趋势，而异质文化形态、西方科学思想意识形态的星星之火已经点燃，在这个时间段内的城市色脉切片中，我们可以看到城市色彩组织进行着微弱的渐变演化运动，当合适的时机或者刺激点出现便可形成燎原之势，城市色脉系统将产生质的变化。

6.2.2 民国时期城市色彩干扰期

清代末年，西方文化形态不断强化成为主流文化，传统文化形态成为弱势力量遭到排挤，随着欧洲侵略者不断进犯，在本土城市空间中建造租界领域，复刻异国文化形态、社会生活，甚至社会制度，从而产生租界文化，使异质文化形态占据主导地位，刺激传统文化基因在渐变活动的积累中迸发突变，最终导致文脉系统产生变异。通过城市色脉切片模型，可以清晰地解读城市色彩演变运动的每一帧动作，从而掌握其运行演化机制。

1860年，天津被开辟为通商口岸，异质的建筑色彩基因侵入租界空间，对处于稳定发展的传统色彩形成一定的干扰，外来色彩基因呈现在各类建筑中，包括公共建筑、金融建筑、商业建筑、文化宗教建筑、住宅别墅建筑等，与传统老城区内砖灰色调的民居、宗教、衙署建筑形成鲜明对比，典型代表为素有"东方金融街"之称的解放北路，汇聚了四个租界区的民居、墅式西洋建筑、金融银行、办公类建筑，呈现多样化、异域风情特色的建筑色彩风貌，其中居住类建筑较多地呈现出砖红色与米黄色，而办公类建筑则主要表现为无彩度的灰色。民国时期，外来租界文化对于传统城市色彩组织的扰动振荡，促进了城市色彩基因的竞争与多样化发展，为传统色彩组织带来新鲜血液，并最终走向融合、共生、发展，例如，民国时期传入的砖红色、暖黄色已成为当代天津城市色彩主色调，与砖灰色调共同构成城市基底色。

6.2.3 计划经济时期城市色彩涨落期

中华人民共和国成立初期，天津的城市发展逐步放缓脚步，转向恢复调整期，此时，城市色彩组织中的传统色彩基因与外来色彩基因的融合已趋于完善，并不断积淀深化形成稳定的城市色彩风貌。中后期时，在政治制度的影响下，城市色彩的发展以经济、工业因素为主导，城市建设以生产力发展的需求为前提，以提高效率为主要目标，建筑形式走向统一、集中的"厂房化"，建筑材质采用黏土砖、水泥灰等，城市色调由暖色调逐步转向冷色调，单一的无彩灰色系由各类工业建筑蔓延至城市住宅街区等，使城市色彩基调产生突变。改革开放之后，天津城市建设逐步走向多元化、现代化，突变后的城市色彩进入多元化发展的调整期，20世纪90年代，传统色彩基因与产生突变的色彩基因在不断适应、协调之后达到相对稳定的状态。

6.2.4 市场经济时期城市色彩适应期

20世纪80年代，天津经济停滞，城市建设缓慢，在客观程度上维持了城市色彩组织的稳定。进入新世纪之后，在全球化背景下，经济因素成为城市色彩发展的决定性因素，城市色彩组织中的色彩基因通过不断进化、重组、调节进入适应期，而天津城市色彩观念逐步由传统走向现代化。随着工艺技术的快速发展，建筑材料兴起了相对于厚重的砖、石材更加轻盈、便捷的有色玻璃、金属等材质，也为城市色彩带来了新的发展机遇，城市色调由明度较低的砖红色、砖灰色转为明度较高的米黄色、暖白色、浅驼灰色、亮灰色等，从而提亮了城市整体色彩。

6.2.5 天津城市色脉切片模型

根据天津城市色彩发展的四个阶段，运用以生物学原理为核心的文脉切片模型，模拟分析天津城市色彩的不同演变阶段过程。

1. 天津城市色脉第一阶段切片

明代时期，天津城市色彩以自然因素中的土壤、运河水文特征以及军事防卫因素、传统文化为主导因素（图6-3），形成了天津城市色彩的基底色——砖灰色。

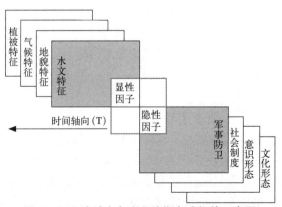

图6-3 天津城市色彩积淀期色脉切片示意图
（图片来源：作者自绘）

2. 天津城市色脉第二阶段切片

清末民初，自然因素逐渐淡化，政治制度的变革以及西方文化的侵袭使天津传统色彩基因产生变异（图6-4），与传统色彩稳定的色彩基因完全不同，异彩纷呈的异域色彩基因瞬间生长强大，以砖灰色调为主的天津城市底色，融入了米黄、砖红色彩基因，多样化的城市色彩基因使城市色彩系统产生振荡与涨落变化。

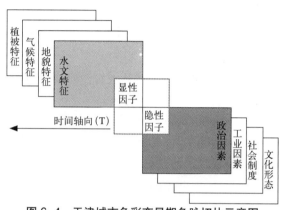

图 6-4　天津城市色彩变异期色脉切片示意图
（图片来源：作者自绘）

3.天津城市色脉第三切片

在工业化因素的影响下，天津城市色彩进入突变期（图6-5），城市色调呈现无彩化、灰色化，异彩纷呈的色彩基因处于停滞状态，而以生产力需求为主的灰色占据了整个城市色彩。

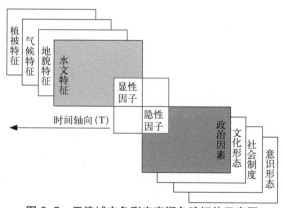

图 6-5　天津城市色彩突变期色脉切片示意图
（图片来源：作者自绘）

4.天津城市色脉第四切片

随着社会不断发展，天津城市色彩进入适应调整期，经济因素与技术因素占据主导地位(图6-6)影响了城市色调的现代化进程,银灰色、亮灰色,以及高技术建筑材料的运用,使城市色彩明度整体提升。

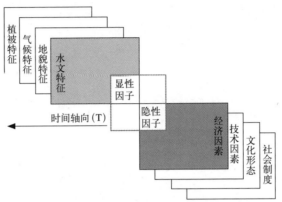

图 6-6　天津城市色彩适应期色脉切片示意图

(图片来源:作者自绘)

通过城市色脉切片模型剖析天津城市色彩演变过程,清晰地掌握了城市色彩在不同主导因素下的发展状态与演变趋势,动态地呈现了城市色彩观念意识形态、城市色彩形态的演变,有利于科学引导未来城市色彩规划,规避人为因素对城市色彩发展的干扰。

6.2.6　天津城市色轴的提取

根据天津城市色彩四个阶段切片的总结与归纳,提取天津城市色轴(图6-7),整体观测城市色彩基因的演变,分析其演变动力机制。

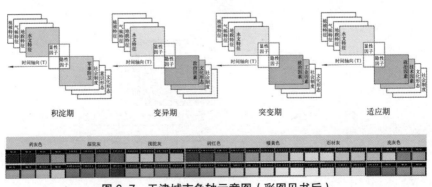

图 6-7　天津城市色轴示意图(彩图见书后)

(图片来源:作者自绘)

6.3 天津城市色脉演变趋势分析

6.3.1 天津中心城区建筑色彩调研样本

　　首先，以色彩地理学为研究基础，对天津中心城区的建筑色彩现状进行实地调研，由于城市色彩系统具有复杂性与多样性，为了保证城市色彩研究的科学性与全面性，依据城市空间与建筑的功能属性，采取分区、分类调研，运用相关技术方法对数据样本进行总结归纳，确立了以"亮砖红、砖灰、深驼灰、石材灰、亮灰、暖黄、浅驼灰"七种色调作为天津市中心城区的建筑环境主色调（图 6-8），"'砖红、砖灰、深驼灰'三种颜色是本市历史建筑常运用的色彩，色彩流露出历史的文化沉淀，而石材灰的色彩既满足历史的怀旧感，又体现了现代建筑的简洁气质，起到承上启下的作用，'亮灰、暖黄、浅驼灰'三种颜色是天津中心城区现代建筑的色彩总结，代表现代建筑色彩风格以及规划定位"，因此，在城市色彩规划中，以城市主色调为指导，对城市色彩的宏观层面、微观层面进行科学、合理的管控，天津城市映射在城市空间中，形成了"'一轴、两带、三区'的空间结构，以及中心城区'一主两副、沿河拓展、功能提升'的发展策略"[1]，充分发挥城市历史文脉优势，彰显外来文化与本土文化多元统一特色的城市色彩风貌，将城市色彩规划形象主题词确立为"中西合璧，传承恢弘气象；碧水穿珠，引领津城辉煌"，营造清新、明快、典雅、时尚的城市色彩形象。

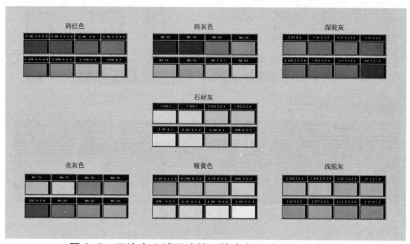

图 6-8　天津中心城区建筑环境主色调（彩图见书后）

（图片来源：天津市规划局）

1　董雅，张靖，孙银. 城市建筑色彩规划管控方法初探——以天津市中心城区建筑色彩规划为例 [N]. 天津大学学报（社会科学版），2013.

1.首先是天津传统城市色彩主基调的积淀期，此时的城市色彩基因较为单一，色彩组织稳定发展，土壤色彩、运河水文化色彩、漕运文化色彩、传统材质工艺文化色彩等色彩因子综合叠加，形成"从白粉涂饰夯土墙面发展到清水砖墙配以青瓦屋顶的无彩色灰色系[1]"；积淀过程中，色相变化较弱，以天津城市色彩基底色调——砖灰色为例，与多元化的城市色彩和谐共存，延续至今。比较明显的是，老城区、历史街区、现代仿古街区基本保留了青砖灰瓦的建筑色彩形象,例如老城厢区域、大悲院区域（图6-9）、北塘古镇等仿古历史街区的建筑环境色彩主色调为砖灰色，因此，砖灰色已经成为天津历史文脉的象征符号，被赋予了时代、地域、社会生活形态等文化寓意。

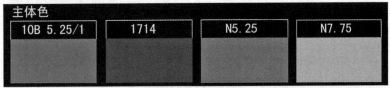

建筑材料：砖材、贴砖

主体色			
10B 5.25/1	1714	N5.25	N7.75

图6-9 延续历史文脉的砖灰色系（彩图见书后）

（图片来源：作者自绘）

2.随着外来文化的强势介入，天津传统城市色彩组织产生较大幅度的振荡，形成历史上的首次变异，其标志为整体城市色调由砖灰色过渡为砖

1 吴琛．天津城市建筑环境色彩的变异与承继 [D]．天津：天津大学建筑学院博士学位论文，2012.

红色，并对城市色彩的发展产生深远的影响，随着外来文化与本土文化逐步走向中西合璧、融合统一，砖红色由洋楼建筑蔓延至本土建筑中，砖红色已经成为天津城市文化独具特色的色彩符号，代表着一种文化形态以及时代的城市记忆，如今砖红色已是天津城市中建筑色彩使用比例较高的色彩，成为代表天津的历史文化的传统色调，五大道、解放北路金融街砖红色调（图6-10），天津城市中心历史风貌区周边新建建筑也采用砖红色调，以保持整体统一的色调。

建筑材料: 砖

主体色			
6.9R 3/3.6	4.4YR5/4.8	1.3YR5.5/4.8	7.5R5/4.4

图 6-10　保护历史文脉延续的砖红色系（彩图见书后）

(图片来源: 作者自绘)

3.随着现代化到来，迎来了高科技、建筑材质的革命性巨变，金属、玻璃、合成材料等大面积运用取代了传统砖材、石材等，金属材质形成的亮灰色涵盖了现代建筑材料的总体色调，由于材质的特性，使铝板金属、玻璃、有机材质的轻盈亮灰色区别于厚重的传统砖灰色系，整体提升了城市色彩的明度。当前，现代的亮灰色色彩基因迅速蔓延至天津城市空间中，城市色调也由传统的暖色调逐步过渡到冷色调，由历史积淀深厚的砖灰、砖红转向亮灰色是城市发展的必然趋势，城市色调的转变不仅映射了技术水平的提升，也是天津城市经济快速发展的物化表达（图6-11）。

建筑材料：铝板

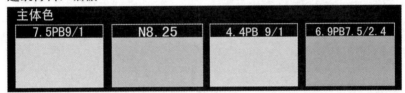

图 6-11 象征现代高新技术的亮灰色（彩图见书后）

(图片来源：作者自绘)

4. 将暖黄色确立为城市主色调主要有两方面因素，首先，通过大量的城市色彩实践以及对大众进行心理测评、色彩问卷调查等，研究分析发现，柔和、舒适、明快的暖黄色在色彩心理上具有较强的亲和力，也是天津城市大众普遍认可的城市色彩，常用于现代城市中的住宅建筑与科教文卫类建筑，其次，活泼而不失稳重的暖黄色在天津城市色彩中灵活运用于辅助色、点缀色的设计搭配，有利于厚重的传统城市色彩向清新明快的现代城市色彩过渡，使传统与现代糅合衔接，协调、统一、发展，从而延续传统城市色彩肌理，提亮城市整体色彩，引导城市色彩健康平衡发展（图 6-12）。

5. 深驼灰色系多出现在天津历史风貌建筑中，其中缸砖材质是深驼灰色的典型代表，既是天津传统的建筑材料，也是具有代表性的建筑色彩，红瓦坡顶、缸砖清水墙面是天津风貌建筑的主要特点，传统色彩的运用充分体现了天津的地域特征，起到了传承及保护天津历史文脉的作用。

6. 浅驼灰和石材灰是随着城市现代化进程的发展，对天津历史风貌建筑传统色彩的提炼，主要体现在一些传统风格与风貌建筑相近的新建筑和现代办公、商贸建筑中，在全球化趋势下保护和延续了地域性文化特色，营造了和谐统一的城市色彩环境，同时也保证了城市色彩文化的多样性与丰富性。

建筑材料:涂料·石材

图 6-12　大众普遍认可的暖黄色系（彩图见书后）

（图片来源：作者自绘）

综上所述，由于"城市色彩风格定位决定了城市色彩未来发展的基调和主要方向，是形成城市色彩风格的前提，更是下一步色彩控制和制定色彩导则的基础"[1]，而城市主色调是城市色彩风格的表达方式之一，因此，城市主色调的确立是城市色彩规划的重要基础。

6.3.2　天津城市色彩演变趋势分析

根据天津城市色脉切片以及城市色轴概念模型，结合天津城市色彩调

1　吴琛 . 天津城市建筑环境色彩的变异与承继 [D]. 天津：天津大学建筑学院博士学位论文，2012.

研数据样本分析，天津城市色彩明度曲线以微小的跳跃保持良好的连续性（图 6-13），从而在稳定中逐步上升，主要从传统砖灰色、砖红色过渡至明度较高的暖黄色、亮灰色。

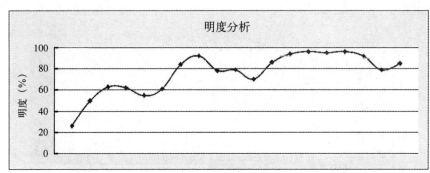

图 6-13　天津城市色彩明度演变分析图（彩图见书后）
（图片来源：作者自绘）

饱和度曲线在发展初期以连续的跳跃为主，中后期随着城市进入现代化时期，色彩的饱和度产生突变，主要原因是以经济因素为主导的色彩观念意识引导色彩视觉形象走向强烈对比，突出色彩诱目性，在此阶段，形成了噪色污染等问题（图 6-14）。

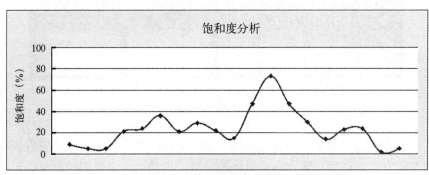

图 6-14　天津城市色彩饱和度演变分析图（彩图见书后）
（图片来源：作者自绘）

天津城市色彩的色相曲线（图 6-15）在积淀初期呈现平稳、均匀动态发展，随着租界文化介入，城市色脉色相产生强烈的振荡，经过调整适应再次进入平稳发展，在末期阶段，由于社会以生产力为主导因素，城市色彩整体呈现无彩灰色系，从而产生突变。

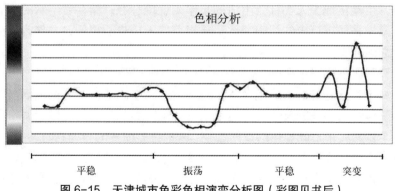

图 6-15　天津城市色彩色相演变分析图（彩图见书后）

(图片来源：作者自绘)

6.4　天津城市色彩的可持续研究

6.4.1　天津城市色脉的核心价值

1. 彰显文化价值

城市色脉映射着不同时代、不同地域的城市文化。天津城市色脉的文化价值主要彰显于物质层面与意识层面，物质层面包括建筑物群体所形成的具有文化内涵的城市色彩风貌；意识层面包括人们对城市色彩基因的偏好、选择、认同感，即城市色彩观念，这是一种社会集体无意识，通过影响城市色彩的搭配与基调，形成城市色彩记忆，并积淀转化为城市色彩的文化形态。在全球化的冲击下，消费文化、精英文化、大众文化等不断渗透于传统文化中，多样性的城市文化也孕育了具有包容性、多样性的城市色彩风貌。例如，传统文化主导下的城市色彩倾向于有序、稳定；消费文化主导下的城市色彩趋向于夸张、波普化；地域文化主导下的城市色彩呈现独特性、符号化表达。在这样多元化的文化背景下，梳理城市色脉有助于有针对性地营造具有特色的城市色彩风貌，彰显城市文化精髓，提升城市品牌形象。

2. 传承历史价值

城市是一个开放、复杂、动态的有机系统，从单体聚合成为群体，经历了时间的积淀与空间演变的历程，并形成了自身独具特色的城市风貌、历史人文环境气息以及丰富的城市文脉内涵。城市色脉是城市历史文化的凝聚力量，也是城市环境宏观、整体的历史表达，它无时无刻不存在于我们身边，带给我们直观的视觉体验，更是具有共时性意义的历史文化遗产，潜移默化地影响着城市色彩基因的竞争与汰换。

城市色脉的历史传承价值源于不同时代人类的社会集体记忆以及生活

痕迹，生动体现了人类社会生活的集体无意识智慧，储存着丰富的历史基因信息，是城市历史的活态载体，承担着传承历史的重任，并作为历史与现代之间的媒介，使二者和谐发展。

3. 强化色彩整体价值

城市色脉是有机活态生命体，包含时间、空间纵横两方面内涵，即时间的整体性与空间的整体性，运用生物学中的累加效应原理解读城市色彩细胞个体对城市色脉整体形成的影响：城市色彩演变的行为在时间纵轴上，经过色彩个体多次重复、积淀将会对城市色脉系统产生巨大的影响，而单一的个体行为不会对整个城市色脉产生明显的效应。因此，整合城市色彩基因个体，有利于协调城市色彩系统，从根本解决秩序混乱、缺乏统一性的城市色彩问题。

4. 提升色彩审美价值

城市色脉的提出有助于宏观掌控城市色彩发展趋势，修正已经逐步扭曲的城市色彩审美观念，将城市色脉的传统审美价值转化为潜在的经济价值，从而提高城市的综合实力。

6.4.2　天津城市色脉可持续控制策略

1. 构建天津城市色彩时空框架

基于时空整体秩序研究城市色彩的发展，力求使天津城市色彩动态、有机、健康、平衡发展。

2. 整合天津城市色彩研究数据

通过整合城市色彩数据成果，形成城市色彩大数据平台，将城市色彩基因依据优良程度划分等级，筛选优质城市色彩基因，不仅为建立城市色脉网络奠定数据基础，也有利于未来掌握城市色彩发展趋势。

3. 建立天津城市色彩过滤机制

首先，利用城市色彩阈限模型以及城市色彩过滤机制，选择符合城市文脉延续并且有利于城市可持续发展的色彩基因，引导正确的城市色彩观念意识，过滤不良的城市色彩意识，以强化优良城市色彩基因的发展（图6-16)，并根据不同的城市功能分区进行主导因素的分析，例如大悲院、老城厢历史文化区以文化、经济因素为主导，天钢柳林地区商贸金融区以经济、技术因素为主导，有助于保留城市色彩基因精髓、剔除不具备发展内涵的色彩基因，从而促进城市色彩系统健康、平衡发展。

4. 建立天津城市色彩基因数据库

将色彩数据成果与城市色彩阈限模型结合，建立完整的城市色彩基因库，有利于科学理性地调控、管理城市色彩，规避当前城市色彩规划中，对于色彩主观、片面的提取，使城市色彩发展走向碎片化、拼贴化（图6-16)。

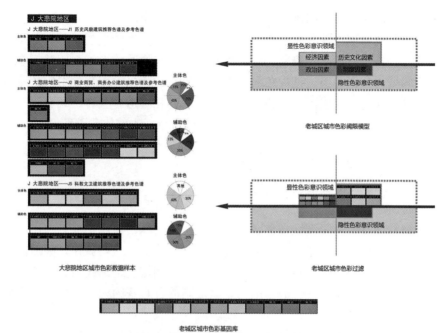

图6-16 天津老城区色彩基因过滤、建库过程（彩图见书后）

（图片来源：作者自绘）

5. 传统城市色彩错位发展

在以经济因素为主导的城市发展中，对处于弱势的传统色彩基因，依据生物"乘补原理"重新定位，自发补偿、调整，在城市空间中避开主流商业区强势色彩基因，在建筑色彩中，从主体色转为辅助色，从而延续色彩基因。在城市色彩的新时期发展背景下，运用有机更新方式——错位发展策略，能够较好地延续融合历史色彩与现代城市色彩，为天津城市传统色彩寻求第二次生命的契机。

6. 低影响共生

传统城市色彩基因与外来、异质色彩基因始终存在着难以调和的矛盾，因此，从有机更新的角度提出低影响共生策略，运用于天津老城区、历史街区等，遵循最小程度干预，最大限度保留传统色彩基底为原则，对外来异质城市色彩基因进行风险梯度管理，即从点缀色开始逐步过渡到辅助色，主体色，并进行使用后的跟踪评价，随时进行调整，试图使外来色彩基因与异质色彩基因有机共生、和谐发展。

7. 建立不同功能分区间的缓冲过渡区

城市色彩的时空过渡是城市色彩规划的难点与关键点，为了缓解由此产生的城市色彩古今不相融、城市色彩突兀并置等问题，提出在城市色彩的过渡空间建立色彩缓冲区的策略。城市色彩的过渡区是在不同的社会因素、自然因素、时空因素影响下形成的，具有一定的复杂性与多样性，空间形态与色彩形态缺乏主导性，并呈现多向自发蔓延的生长肌理，如果任由发展，将走向孤立、衰落，从而影响城市色彩的整体发展，因此，在尊重整体城市色彩关系，把握色彩节奏的基础上，适当运用其他组织力量给予引导、管控，并使其与周边环境色彩基因互相渗透、融合，既有利于激活过渡区城市色彩基因的活力，又促进了城市色彩的整体和谐发展。

6.4.3 天津城市色彩有机发展控制流程

1. 天津老城区城市色彩有机发展控制流程

1）存在的问题

（1）虽然一再强调城市色彩应当传承历史文脉，但由于缺乏城市色彩基因的优化环节，导致老城区整体建筑色彩较为单一、均质化，区域内建筑多以冷灰色调为主，建筑主体色与辅助色色相接近，街区色彩看起来一片灰色，色彩组织粘连、缺乏活力，缺乏新的色彩基因融入，也不利于城市色彩基因的更新发展。

（2）缺乏有彩度的辅助色搭配点缀；科教文卫建筑色彩颇为保守，多以暖色调为主，艺术氛围不足。

（3）文化建筑与商业建筑之间缺乏色彩缓冲过渡区。

2）控制方法

（1）色彩数据整合分析

老城区的典型代表为大悲院与老城厢地区，该地区城市空间功能主要包括历史文化风貌区，结合周边科教文卫区域、商贸、居住区域等，丰富的宗教文化因素与传统历史文化因素共同构筑了较为稳定的城市色彩组织，通过运用城市色彩阈限模型进行分析，老城区的城市色彩主要以文化因素为主导，辅以经济因素。因此，以城市色彩数据样本为基础（图6-17），将城市色彩基因划分为传统色彩基因、现代色彩基因，并将城市色彩数据置于城市色彩阈限模型中，将城市色彩基因划分为：政治性色彩、文化性色彩、经济性色彩、自然性色彩，为进一步有针对性的城市色彩控制奠定基础。

（2）对现代异质色彩基因进行风险评估

随着城市的不断发展，老城区城市空间中较好地保留延续了厚重的砖灰色基底，同时也融入了现代异质城市色彩基因，例如冷灰色、暖黄色、米白色等，为了确保城市色彩的健康和谐、有序发展，应当从整体全面的视角对现代异质色彩基因进行详细的风险评估，初步剔除不符合社会发展趋势、色彩饱和度过高的色彩基因，筛选适宜的现代色彩基因进行培育。

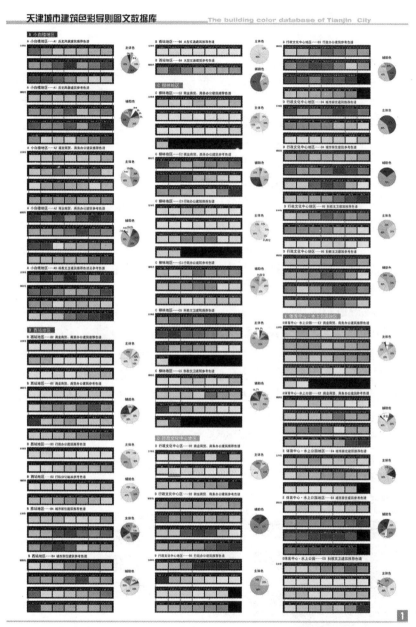

图 6-17　天津城市色彩规划图文数据库（彩图见书后）

（图片来源：天津市规划局）

①冷灰色：冷灰色色彩基因是在现代技术因素下形成的，形成了稳定的竞争力、生命力以及蔓延扩散能力，其次，冷灰色基因符合社会经济发展的需求，与传统砖灰色色相相似，并提高了明度，能够较好地与城市传统底色相融合。因此，冷灰色色彩基因传入后引起色彩组织的振荡风险较

小，但具有一定的局限性，即容易形成城市色彩冷漠的性格与表情，在老城区中的新建、再建建筑色彩中应谨慎、灵活使用。

②暖黄色：暖黄色是天津市民色彩心理测评中最为喜爱的色彩基因，具有一定的生命力、蔓延扩散能力，也符合老城区以文化因素为主导的发展趋势，包容度较强，传入后引起色彩组织振荡的风险较小，不仅承担着过渡、协调城市色彩组织的职能，也具有持久的生命力与发展潜力。

③米白色：米白色色彩基因具有提亮、过渡不同分区的功能，但不适宜大面积使用，具有一定的蔓延扩散能力。

（3）城市色彩基因适宜性评估

在当前社会发展背景下，以城市色彩数据库为基础，运用城市色彩阈限模型，综合评估考察城市色彩基因，选择与老城区空间属性、定位相互匹配、能够彰显历史文化特征的色彩基因，并依据优劣程度在城市色彩数据库的基础上再次划分等级，从而凸显城市色彩基因的层次性。

（4）城市色彩基因优化

运用城市色彩阈限模型，以社会发展趋势、色彩观念为引导，结合该区域色彩调研样本以及建筑色彩推荐色谱等，根据风险性、适宜性评估将城市色彩基因划分为优、良、一般等层次（图 6-18），强化符合城市可持续发展的文化性色彩基因、传统色彩基因、经济性色彩基因，最终形成以暖黄灰为主要色彩基因的城市色彩组织，提炼形成色彩基因库，为老城区新建、再建建筑、城市色彩建设提供符合社会需求、城市发展需求、大众心理需求的择色体系。

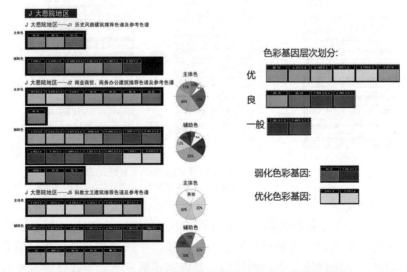

图 6-18　天津老城区色彩基因优化示意图（彩图见书后）

（图片来源：作者自绘）

在色彩优化的基础上建立该区域色彩基因库，实时、有针对性地引导管控老城区城市色彩发展。

（5）建立有序的城市色彩格局

经过实地调研，老城区建筑色彩主体色以砖灰色和中低明度、中低彩度的灰色系为主，辅助色多运用中低明度、中低彩度的暖色调和无彩色的玻璃材质。色彩基因既符合传统历史建筑的延续，又能彰显现代中式建筑气质。由于老城厢地区的建筑是以中心低层建筑逐渐向外围过渡到高层住宅建筑为规划模式，因此，外围高档城市居住区建筑色彩基因的选择，应考虑建筑色彩的过渡，由中心向外扩散，色彩的参考范围适当放松，逐渐加大明度彩度，丰富区域内的色彩基因使用范围，为该地区增加活力与亲切感，辅助色可采用中低明度、中低彩度、纯度较高的颜色，还应注意辅助色面积的大小，充分考虑老城区色彩的整体性。

2. 天津新兴城区城市色彩有机发展控制流程

天钢柳林地区是天津城市副中心，是海河上游开发改造的重要节点，城市发展的主导因素为经济、商业、休闲，由于优越的地理位置而成为天津最具发展活力的新兴城区之一。

1）存在问题

城市空间中缺乏具有历史性、真实性的历史色彩信息，城市色彩意向呈现多向、无序、自由发展，缺乏统一的主导性色调，建筑色彩饱和度较高，色相不加限制，建筑色彩缺乏对功能属性的表达。

2）控制方法

（1）色彩数据整合分析

以该地区城市色彩数据样本为基础，归纳、整合、筛选数据，并运用城市色彩阈限模型将城市色彩基因划分为经济性色彩、文化性色彩、政治性色彩、自然性色彩等，丰富的现代城市色彩基因与经济性色彩共同构筑了柳林天钢城市新区的色彩组织。

（2）对现代异质色彩基因进行风险评估

新兴城区色彩历史文脉积淀、历史色彩基底较为不足，城市色彩缺乏主导性，城市色彩组织中具有多样性、复杂性的色彩基因，因此，对现代异质色彩基因的风险评估是建立动态、发展的城市色彩基因库的重要基础，通过剔除不具备发展内涵、色彩饱和度过高的色彩基因，筛选优良色彩基因进行培育，从而达到优化城市色彩基因的目标。

（3）建立有序的城市色彩格局

根据天钢柳林地区的城市色彩现状和色彩问题，需要注重城市色彩基因的筛选、优化，逐步形成具有特色的城市主色调，建立新兴城市色彩秩序，参照城市色彩阈限模型，主要运用以冷灰、亮灰、石材灰为主，暖黄、暖灰为辅的经济性色彩基因，使城市色彩风貌整体控制在中高明度、中低饱和度的色彩谱系中（图6-19）。

3. 天津城市过渡区色彩有机发展控制流程

1）存在问题

天津城市过渡区色彩存在较多问题，主要集中在城市中部区、城市外围区，城市核心区域中的过渡区较为协调，例如老城厢、大悲院区域中的历史文化建筑与周边的商务、文化行政、居住区域建筑色彩基因基本处于延续、稳定发展的状态，而在城市外围区域，由于城市色彩控制力度逐步放松，过渡区的色彩秩序较为混乱，缺乏连续性与整体性。

2）控制方法

根据不同的城市分区功能属性对城市过渡区色彩进行定位，提炼主导色彩基因，剔除不具备发展功能以及内涵的色彩基因，形成健康、有序的色彩组织。在融入新的色彩基因时，预先从点缀色、辅助色开始，由点及面，不断试验、调适色彩基因，有利于与周边城市色彩环境融合共生，最终形成稳定的城市色调。

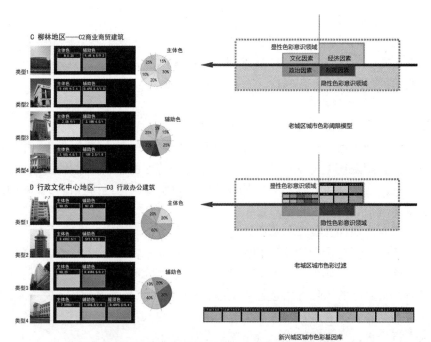

图6-19　天津新兴城区色彩基因过滤、建库过程（彩图见书后）

（图片来源：作者自绘）

第7章　结论与展望

"随着感知技术和计算环境的成熟，各种大数据在城市中悄然而生。城市计算就是用城市中的大数据来解决城市本身所面临的挑战，通过对多种异构数据的整合、分析和挖掘，来提取知识和智能，并用智能来创造'人—环境—城市'三赢的结果。"——郑宇

7.1　结论

在城市色彩可持续研究中，首先需要明确城市色彩的图底关系，延续传统色彩基因，保留色彩基底，其次，建立城市色彩时空框架，梳理城市色彩关系以及发展脉络，并提炼、归纳其演变规律与本质，注重城市色彩时空演变的整体性特征，从而构建城市色彩有机发展体系，将城市色彩视为有机活体，动态、宏观把握城市色脉趋势，推动城市色彩有机更新。

1. 提高城市色彩数据的整合程度

在制定城市整体色彩规划的同时，需要更加系统、深入、细化的色彩控制技术导则来把握调控城市色彩。

2. 构建城市色脉网络

不仅提出城市色彩规划策略，还应当构建色脉网络体系，加强研究的科学性，提升城市色彩研究的整体性与完整性，避免在色彩控制的实际操作过程出现主观化倾向。

3. 城市色彩基因数据信息化

加强色彩基因的数据信息化，建立色彩基因数据库、色彩模型有利于城市设计、建筑设计、城市建设管理者对城市色彩进行管控。

4. 在规划审批内容中强化"城市色脉"的重要性

为使城市总体色彩景观稳定和谐统一，有效控制城市主要建筑色彩，在城市建设中，运用建议指导的方式调试色彩规划，更加系统化地审批、管理重点建筑与建筑群。

7.2　展望

我国的城市色彩课题研究正处于初步研究阶段，随着近几年大规模的

城市建设，城市色彩问题不断凸现，城市色彩规划的研究逐渐受到专家学者的重视，并形成丰富的研究成果，在今后的规划设计以及城市管理实践中，我们仍需要对城市色彩系统进行深入探讨。

虽然，目前城市色彩规划实践进行得如火如荼，但由于城市色彩自身的模糊性以及城市色彩规划中存在不足，城市色彩发展相对缓慢，难以跃升至更高的研究层次，因此，本文将文脉与城市色彩紧密结合，从二者的契合点切入，本着尊重历史，立足当下，放眼未来的发展原则，建立城市色脉时空框架，运用城市色脉理论，延续城市色彩基因，丰富城市色彩内涵，推动城市色彩有机更新，试图呈现整体、全面、动态的城市色彩宏观图景，引导未来城市色彩健康、平衡发展，提升城市品质、塑造城市性格。

此外，在大数据快速发展的今天，利用先进的数字信息技术动态跟踪城市色彩，及时更新城市色彩基因库，提升城市色彩系统自下而上的信息反馈功能，有利于进一步提高城市色彩实践的实效性、可操作性、精准性。

参考文献

专（译）著：

[1] （美）埃德蒙·N·培根著，黄富厢.城市设计 [M]. 朱琪译.北京：中国建筑工业出版社，2003.

[2] （英）克利夫·芒福汀，泰纳·欧克，史蒂芬·蒂斯迪尔著.美化与装饰 [M]. 韩冬青，李东，屠苏南译.北京：中国建筑工业出版社，2004.

[3] （美）保罗·芝兰斯基，玛丽·帕特·费希尔著.色彩概论 [M]. 文沛译.上海：上海人民美术出版社，2004：43-49.

[4] （瑞）约翰·伊顿著.色彩艺术 [M]. 杜定宇译.上海：上海人民美术出版社，1985.

[5] （美）洛伊丝·斯文诺芙著.城市色彩景观——一个国际化视角 [M]. 屠苏南，黄勇忠译.北京：中国水利水电出版社，2007.

[6] （美）哈罗德·林顿著.建筑色彩——建筑、室内和城市空间的设计 [M]. 谢洁，张根林译.北京：中国水利电力出版社，2005.

[7] （墨西哥）埃乌拉里奥·费雷尔.色彩的语言 [M]. 南京：译林出版社，2004.191.

[8] 凯文·林奇著.城市形态 [M]. 林庆怡，陈朝晖，邓华译.北京：华夏出版社，2001.

[9] 刘易斯·芒福德著.城市发展史——起源、演变和前景 [M]. 宋俊岭，倪文彦译.北京：中国建筑工业出版社，2005.

[10] （德）格罗塞.艺术的起源 [M]. 蔡慕晖译.北京：商务印书馆，1894.

[11] 弗洛姆.被遗忘的语言 [M]. 郭乙瑶，宋晓萍译.北京：国际文化出版公司，2001：10.

[12] 弗洛姆.健全的社会 [M]. 欧阳谦译.北京：中国文联出版公司，1988：78.

[13] （美）阿恩海姆著.色彩论 [M]. 常又明译.昆明：云南人民出版社，1980.

[14] 苏珊·朗格.情感的形式 [M]. 刘大基等译.北京：社会科学出版社，1986.

[15] （美）鲁道夫·阿恩海姆，霍兰，蔡尔德等.色彩的理性化 [C]. 周宪译.北京：中国人民大学出版社，2003：87-94.

[16] （美）苏珊·朗格.艺术问题 [M]. 北京：中国社会科学出版社，1983.

[17] 弗洛姆.为自己的人 [M]. 孙依依译.北京：生活·读书·新知三联书店，1988：94.

[18] H. 哈肯.协同学引论 [M]. 北京：原子能出版社，1984：241.

[19] K，J 巴顿.城市经济学 [M]. 北京：商务出版社，1981：14.

[20]　弗洛姆. 在幻想锁链的彼岸——我所理解的马克思和弗洛伊德 [M]. 张燕译. 长沙：湖南人民出版社，1986.

[21]　张鸿雁. 城市形象与城市文化资本论 [M]. 南京：东南大学出版社，2002：274-275.

[22]　吴伟. 城市风貌规划——城市色彩专项规划 [M]. 南京：东南大学出版社，2009：2-13.

[23]　尹思谨. 城市色彩景观规划设计 [M]. 南京：东南大学出版社，2003：79-82.

[24]　崔唯. 城市环境色彩规划与设计 [M]. 北京：中国建筑工业出版社，2006：117.

[25]　宋建明. 色彩设计在法国 [M]. 上海：上海人民美术出版社，1999：67.

[26]　张长江. 城市环境色彩管理与规划设计 [M]. 北京：中国建筑工业出版社，2009：36.

[27]　杨春风. 西藏传统民居建筑环境色彩的应用 [M]. 北京：中国建筑工业出版社，2005.

[28]　施淑文. 建筑环境色彩设计 [M]. 北京：中国建筑工业出版社，1995.

[29]　高履泰. 建筑的色彩 [M]. 南昌：江西科学技术出版社，1988.

[30]　焦燕. 建筑外观色彩的表现与设计 [M]. 北京：机械工业出版社，2003.

[31]　张长江. 城市环境色彩管理与规划设计 [M]. 北京：中国建筑工业出版社，2009：46.

[32]　陈琏年. 色彩设计 [M]. 重庆：西南师范大学出版社，2001：25.

[33]　黄国松. 色彩设计学 [M]. 北京：中国纺织出版社，2001：177.

[34]　吴松涛，常兵. 城市色彩规划原理 [M]. 北京：中国建筑工业出版社，2012：03.

[35]　邹冬生，赵运林主编. 城市生态学 [M]. 北京：中国农业出版社，2008：12-73.

[36]　贾兰坡. "北京人"的故居 [M]. 北京：北京出版社，1958.

[37]　郭沫若. 中国史稿 [M]. 北京：人民出版社，1962.

[38]　李泽厚. 美学三书 [M]. 天津：天津社会科学院出版社，2003.

[39]　廖群. 中国审美文化史·先秦卷 [M]. 济南：山东画报出版社，2000.

[40]　易中天. 艺术人类学 [M]. 上海：上海文艺出版社，2001.

[41]　居阅时，翟明安. 中国象征文化 [M]. 上海：上海人民出版社，2001.

[42]　季广茂. 意识形态 [M]. 桂林：广西师范大学出版社，2005：59.

[43]　张为平. 隐性的逻辑：香港，亚洲式拥挤文化的典型 [M]. 南京：东南大学出版社，2009：2-97.

[44]　龙元，王晖. 非正规性城市 [M]. 南京：东南大学出版社，2010：38-45.

[45]　蒋涤非. 城惑：自在的图景 [M]. 北京：中国建筑工业出版社，2010：147-165.

[46] 蒋涤非. 城市形态活力论 [M]. 南京：东南大学出版社 2007，2.

[47] 周一星. 城市地理学 [M]. 北京：商务印书馆，1999.

[48] 天津市规划局. 天津城市总体规划：2005—2020 年 [M]. 天津：天津科学技术出版社，2006.

连续出版物：

[1] 周跃西. 试论汉代形成的中国五行色彩学体系 [J]. 装饰，2003（4）：86-88.

[2] 周跃西. 略论五色审美观在汉代的发展 [J]. 中原文物，2003（5）：73-78.

[3] 周跃西. 解读中华五色审美观 [J]. 美术，2003（11）：124-27.

[4] 苟爱萍. 建筑色彩的空间逻辑——Werner Spillmann 和德国小镇 Kirchsteigfeld 色彩计划 [J]. 建筑学报，2007（01）：77-79.

[5] 王大珩、荆其诚. 中国颜色体系研究 [J]. 心理学报，1997（7）：225-233.

[6] 彭诚，蒋涤非. 古典城市色彩对当代城市色彩规划的启示 [J]. 中外建筑，2010，（9）.

[7] 许嘉璐. 说"正色"——〈说文〉颜色词考察 [J]. 中国典籍与文化，1995,（3）.

[8] 高履泰. 中国建筑色彩史纲 [J]. 古建园林技术，1990,（1）.

[9] 焦燕. 城市、建筑研究的动态环境色彩 [J]. 世界建筑，1998，5.

[10] 维雷娜·申德勒. 欧洲建筑色彩文化——浅述建筑色彩运用的不同方法 [J]. 世界建筑，2003（色彩专辑）：17-24.

[11] 赵云川. 北京城市色彩规划的困境及可能性 [J]. 城市发展研究，2006，13.

[12] 黄明秋等. 色彩中的国家权力叙事与民族集体记忆. 美术观察·ARTM2008（2）：100-103.

[13] 顾红男，江洪浪. 数字技术支持下的城市色彩主色调量化控制方法——以安康城市色彩规划设计为例 [J]. 规划师，2013，10：42-46.

[14] 熊惠华，钟旭东，杨智超. 色彩美学与规划管理在城市特色构建中的重要作用 [J]. 中外建筑，2010，03：83-85.

[15] 郭红雨，蔡云楠. 为城绘色——广州、苏州、厦门城市色彩规划实践思考 [J]. 建筑学报，2009，12：10-14.

[16] 石坚韧，段阳阳，崔园园，赵秀敏. 地域性滨海城市色彩研究——以秦皇岛市城市色彩规划为例 [J]. 生态经济，2013，10：188-191.

[17] 杨健，戴志中. 城市色彩规划中的协同学问题解决模式——以重庆市为例 [J]. 新建筑，2010，02：131-134.

[18] 李小娟，陈擎. 基于图底关系理论的城市色彩风貌初探 [J]. 艺术与设计（理论），2014，05：69-71.

[19] 蒋跃庭，焦泽阳. 城市色彩规划思路与方法探索——以黄岩商业街区城市色彩规划为例 [J]. 浙江工业大学学报，2008，05：578-582.

[20] 邱强.总体城市设计中的色彩规划引导——以重庆城市色彩规划为例 [J].现代城市研究，2006，01：58-62.

[21] 袁忠，关杰灵.山水城市的色彩规划初探 [J].华中建筑，2008，12：66-69.

[22] 程嵘，蒋涤非，边宁.城市色彩规划与管理探索——以株洲城市色彩规划与管理为例 [J].中外建筑，2010，07：74-75.

[23] 林教龙.城市色彩规划设计初探——以伊春市城市色彩规划为例 [J].中外建筑，2010，09：98-100.

[24] 段炼，刘杰.体现地域性的城市色彩规划——以广安城市色彩规划为例 [J].小城镇建设，2009，02：39-45.

[25] 王洁，胡晓鸣，崔昆仑.基于色彩框架的台州城市色彩规划 [J].城市规划，2006，09：89-92.

[26] 罗萍嘉，李子哲.基于色彩动态调和的城市空间色彩规划问题研究 [J].东南大学学报（哲学社会科学版），2012，01：69-72.

[27] 王荃.建筑色彩规划的新模式——从"迁安建筑色彩规划"谈未来建筑色彩发展建构 [J].建筑学报，2008，05：55-57.

[28] 王岳颐，王竹.基于操作视角下的城市色彩微观界面研究 [J].建筑与文化，2013，06：47-48.

[29] 路旭，阴劼，丁宇，陈鹏.城市色彩调查与定量分析——以深圳市深南大道为例 [J].城市规划，2010，12：88-92.

[30] 刘长春，张宏，范占军.地域传统与时代特征的碰撞——南通城市色彩浅析 [J].现代城市研究，2009，09：42-45.

[31] 游涛.城市道路景观色彩研究——以南京大桥北路色彩规划为例 [J].江苏城市规划，2006，07：24-26.

[32] 张岁丰，蒋涤非，刘庆.城市色彩景观规划设计初探——以株洲市城市色彩景观规划为例 [J].中外建筑，2010，03：79-82.

[33] 杨兴."生命原理"对城市色彩规划的启示 [J].艺术教育，2011，01：156.

[34] 武珩.地域文化与城市色彩规划——以合肥城市色彩规划为例 [J].合肥师范学院学报，2013，02：123-125.

[35] 贾京生.中国城市文化色彩与色彩文化的透析 [J].装饰，2008，03：77-79.

[36] 王竹，杜佩君，贺勇.空间视角下的城市色彩研究——京杭运河杭州段城市色彩规划实践 [J].建筑学报，2011，07：49-52.

[37] 杨春宇，梁树英，张青文.建筑物色彩在城市空间中的衰变规律 [J].同济大学学报（自然科学版），2013，11：1682-1687.

[38] 于立宝，魏建波.建筑色彩在城市景观中的定位与现实意义的研究 [J].城市地理，2014，16：7.

[39] 张玉婷，陈刚.层次分析决策方法（AHP）在街道色彩规划中的应用 [J].中

华建设，2011，02：92-93.

[40]　冯星宇．佛教建筑与伊斯兰教建筑色彩研究 [J]．艺术科技，2013，09：238.

[41]　李宝珠，李晓伟，王燕．城市建筑色彩及环境美学价值的分析与评价——以徐州市城市建筑色彩为例 [J]．中外建筑，2014，12：79-81.

[42]　焦燕．城市建筑色彩的表现与规划 [J]．城市规划，2001，03：61-64.

学位论文：

[1]　孙俊桥．走向新文脉主义 [D]．重庆：重庆大学博士学位论文，2010.

[2]　綦伟琦．城市设计与自组织的契合 [D]．上海：同济大学博士学位论文，2006.

[3]　孙旭阳．基于地域性的城市色彩规划研究 [D]．上海：同济大学硕士学位论文，2006.

[4]　刘毅娟．苏州古典园林色彩体系的研究 [D]．北京：北京林业大学博士学位论文，2014.

[5]　文溢涓．基于可操作性的城市色彩规划研究 [D]．广州：华南理工大学硕士学位论文，2013.

[6]　江洪浪．基于数字技术的城市色彩主色调量化控制方法研究——以安康城市色彩规划设计为例 [D]．重庆：重庆大学硕士学位论文，2013.

[7]　刘华杰．城市街道空间中建筑界面色彩的控制研究——以陕西省安康市城市色彩规划为例 [D]．重庆：重庆大学硕士学位论文，2013.

[8]　梁树英．日光光谱与大气衰减影响下的建筑色彩定量方法研究 [D]．重庆：重庆大学博士学位论文，2014.

[9]　孙百宁．基于风景园林色彩数值化方法的应用研究 [D]．黑龙江：东北林业大学硕士学位论文，2010.

[10]　杨古月．传统色彩、地方色彩与现代城市色彩规划设计 [D]．重庆：重庆大学硕士学位论文，2004.

[11]　尚磊．城市色彩文化与色彩控制导向 [D]．湖北：华中科技大学硕士学位论文，2004.

[12]　冯君．从视觉艺术的角度研究实现环境色彩和谐的有效途径 [D]．重庆：重庆大学硕士学位论文，2008.

[13]　王岳颐．基于操作视角的城市空间色彩规划研究 [D]．浙江：浙江大学博士学位论文，2013.

[14]　邓熙．安康市滨江区域空间色彩优化设计策略研究 [D]．重庆：重庆大学硕士学位论文，2012.

[15]　朱瑞琪．基于地域特色的城市色彩景观规划研究探析——以西安市曲江新区为例 [D]．陕西：长安大学硕士学位论文，2012.

[16]　付鹏．运用色彩科学提升城市形象——对南京城市色彩的规划研究 [D]．南

京：南京林业大学硕士学位论文，2014.

[17] 井晓鹏. 历史文化名城城市色彩体系控制研究——以西安老城区为例 [D]. 陕西：长安大学硕士学位论文，2007.

[18] 张晓蕾. 深圳市宝城街道色彩规划研究 [D]. 黑龙江：哈尔滨工业大学硕士学位论文，2008.

[19] 魏东. 城市色彩视觉识别研究——以郑州城市为例 [D]. 郑州：郑州大学硕士学位论文，2010.

[20] 牟永涛. 青岛市城市色彩景观的地域性研究 [D]. 吉林：东北师范大学硕士学位论文，2008.

[21] 魏彦杰. 基于空间类型的城市街道建筑界面色彩设计策略研究——以遵义街道立面改造设计为例 [D]. 重庆：重庆大学硕士学位论文，2014.

[22] 郭东萍. 苏州古城区城市景观色彩设计研究 [D]. 江苏：苏州大学硕士学位论文，2008.

[23] 李媛. 建筑色彩数据库的应用研究 [D]. 天津：天津大学建筑学院硕士学位论文，2007.

[24] 聂晶晶. 北京历史街区建筑环境色彩定性分析与评价——以鼓楼地区建筑环境色彩为例 [D]. 北京：首都师范大学硕士学位论文，2013.

[25] 马丽丽. 基于连续性的台州城市廊道色彩景观研究 [D]. 杭州：浙江大学硕士学位论文，2006.

[26] 潘光香. 历史文化名城建筑色彩控制研究——以泰安老城区为例 [D]. 青岛：青岛理工大学硕士学位论文，2014.

[27] 侯鑫. 基于文化生态学的城市空间理论研究 [D]. 天津：天津大学建筑学院博士学位论文，2004.

[28] 杜佩君. 京杭运河杭州段两岸城市色彩规划方法与实践研究 [D]. 浙江大学硕士学位论文，2012.

[29] 吴琛. 天津城市建筑环境色彩的变异与承继 [D]. 天津：建筑学院天津大学博士学位论文，2012.

[30] 王聪. 建筑外环境的计算机辅助色彩设计方法研究 [D]. 西安：西北工业大学硕士学位论文，2006.

[31] 王丹. 基于视觉景观的城市色彩规划研究——以伊春市中心城区色彩规划为例 [D]. 长沙：中南大学硕士学位论文，2011.

[32] 于洋. 城市建筑色彩美学表现研究 [D]. 山东：山东大学硕士学位论文，2014.

[33] 汪武静. 生态伦理的城市色彩设计研究——基于长沙市的探索 [D]. 昆明：昆明理工大学硕士学位论文，2011.

[34] 张翚. 空间政治经济学视角下的城市设计理论研究和实践初探 [D]. 天津：天津大学建筑学院博士学位论文，2011.

[35] 白玉.图像处理在城市建筑色彩分析与评价中的应用研究 [D].天津：天津大学建筑学院硕士学位论文，2010.

[36] 公晓莺.广府地区传统建筑色彩研究 [D].广州：华南理工大学博士学位论文，2013.

[37] 李晓敏.城市的建筑色彩控制研究——以衢州为例 [D].湖北：华中科技大学硕士学位论文，2007.

[38] 吕英霞.中国传统建筑色彩的文化理念与文化表征 [D].黑龙江：哈尔滨工业大学硕士学位论文，2008.

[39] 丁昶.藏族建筑色彩体系研究 [D].西安：西安建筑科技大学博士学位论文，2009.

[40] 王京红.表述城市精神——城市色彩的构成与阐释 [D].北京：中央美术学院博士学位论文，2013.

英文文献：

[1] Bak P, Chen K, CreutzM. Self-organized Criticality in the Game of Life[J]. Nature, 1989, 342：780-782.

[2] Galen Minah. Reading Form and Space：the Role of Color in the City[J]. Architectural Design, 1996：37

[3] Jean-Philippe Lenclos, Dominique Lenclos. Couleurs du monde[M]. Paris：Groupe Moniteur（Editions Le Moniteur）, 1999.

[4] Ed taverne. The color of the city[M], Longman, 1992：73.

网络资源：

[1] 维基百科 :http://zh.wikipedia.org

[2] 百度图片 :http://image.baidu.com

[3] 中国色彩网 http://www.chinacolour.org.cn

[4] 新浪博客 :http://blog.sina.com.cn

[5] 天津档案网 :http://www.tjdag.gov.cn

[6] 天津北方网 :http://www.enorth.com.cn

[7] 渤海论坛 :http://bohaibbs.net/portal.php

[8] 天津网 :http://www.tianjinwe.com

[9] 西蔓城市色彩规划网

[10] http://www.integralcolor.com/resources/about-iacc/

[11] http://www.aic-color.org/

[12]   http://www.ddfchina.org/festival-speakers/559.html

[13]   http://www.wpl.gov.cn/pc-587-110-0.html

[14]   http://www.cq.xinhuanet.com/2006-12/07/content_8715882.htm

[15]   http://www.hangzhou.gov.cn/main/xxbs/T314614.shtml

[16]   www.chengdezq.com/bbs

[17]   http://city.ximancolor.com/

后　记

　　城市的形体与色彩共同构成了整体城市风貌印象、塑造了生动的城市性格与气质，而色彩在城市中扮演着重要的角色，她是城市的表情，她带给我们感动、喜悦、恬静，以最直观的方式先于形式直接影响了人们对城市印象的视觉体验，展示了不同时代、不同社会、不同文化生活痕迹，让我们体验到独特的赋有文脉气息的场所精神，以及历史空间中鲜活的生命痕迹。

　　笔者对于城市色彩的研究兴趣源于历时一年多的天津中心城区建筑环境色彩科研项目，在导师以及相关城市规划专家、色彩专家的指导下，对天津中心城区建筑环境色彩进行分区调研，通过走访、问卷调研、色彩比对，逐渐掌握了城市色彩调研方法，并提升对城市色调提炼的精确度，为减少人为因素、自然环境因素对城市色彩样本提取造成的误差，合作团队本着严谨的科研精神，按照不同季节、不同时间、不同地点、不同分区进行详细周密的调研，对提取色卡的样本进行反复确认，最终形成了一系列城市色彩研究报告、城市色谱等研究成果，为博士论文撰写积累资料数据等研究基础。俗话说"读万卷书行万里路，千里之行始于足下"，笔者利用业余时间游历了一些城市，包括新加坡、泰国、马来西亚、北京、香港、广州、南京、云南，拉萨等，不断穿梭于城市空间中，笔者喜欢上了观察城市色彩在一天二十四小时、一年四季的微妙变化，感受城市色彩带给我们直观鲜明的情感体验，从传统到现代，从沉稳到跃动都深深地展现了城市色彩旺盛的生命力。

　　通过对城市色彩的实地考察以及文献阅读发现国外与国内城市色彩现状存在本质区别；以两杯水来打比方，欧洲的城市色彩将自身传统色彩稳定沉淀，愈久而浓厚，而国内典型的"亚洲拥挤型城市"更像一杯置入五颜六色的水，已然变得浑浊灰暗，因此，我们希望能够借助相关研究方法澄清城市色彩基底，梳理、明晰传统城市色彩脉络，从而使城市色彩走向健康、平衡发展。

　　笔者希望拙文能作为一个起始之"砖"，引起学者们对处于瓶颈期城市色彩发展的关注。随着城市快速发展，城市色彩研究应当与时俱进，整合理论、方法论成果，进行系统、全面、动态可持续研究，此外，在前人的研究基础上尽自己绵薄之力，试图在研究视角方面做一些探索，进行合理推论并整合重构，以期推动城市色彩有机更新。

　　庞大复杂的城市色彩系统，归纳城市色彩样本、截取城市色脉切片、提炼城市色轴需要掌握相对丰富、翔实的城市色彩资料、样本数据等，由于本人专业知识储备不足，实践经验欠缺，以及研究论述写作时间较短，研究方法、途径的局限性，使得研究中存在一定的缺陷与不足，综上所述，本文仅仅是一个研究的阶段性成果，仍有待于在城市色彩规划设计实践中进一步深入、完善，笔者希望通过粗浅研究能够完整地描画城市色彩健康、平衡发展的图景，论述中难免会有所疏漏，希望各位学者专家、老师、同学等予以指正，不吝赐教。

北洋园

致　谢

时光荏苒，博士论文即将定稿之际，在天津大学九年的求学生涯也将画上句号，匆匆而过的青春岁月已深深烙上了巍巍北洋的印记，当我走出校门，母校将成为我终生的骄傲。

本论文的研究工作是在我的导师曹磊教授的悉心指导下完成的，曹磊教授严谨的治学态度和科学的工作方法给了我极大的帮助和影响。在此衷心感谢三年来曹磊老师对我的关心和指导。

董雅教授、王焱老师、闫凤英教授在学习上和生活上都给予了我很大的关心和帮助，以及对论文提出宝贵意见，还有建筑学院其他老师多年来对我的指教与培养，在此表示衷心的谢意。

在撰写论文期间，感谢天津市规划局色彩课题组为我提供了重要的研究资料；《城市建筑艺术的新文脉主义走向》一书的作者孙俊桥为论文提供了重要的理论基础，在此深表谢意；感谢张靖、张晶蕊、王苗、田晓媛、杨鸿玮、刘小妹、张小溪同学对我论文中的研究工作给予了热情的帮助；感谢工作室中的同事代喆、王忠轩、刘志波以及师弟栾天浩在工作学习中的帮助。

感谢慈父严母的养育之恩、他们的谆谆教诲与默默支持伴我走过了二十多年的风风雨雨，感谢关心我的亲友们，他们的理解和帮助使我能够在学校专心完成我的学业。

最后感谢评审委员老师对论文做出的指导，本论文是在前人的理论研究基础上完成的，对于所有参考和引证的文献和图片的作者在此一并表示衷心的谢意！

北洋园

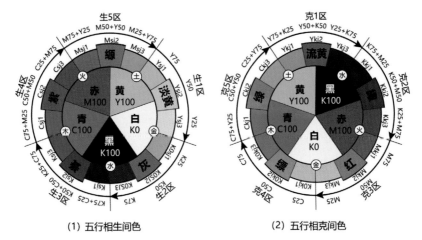

(1) 五行相生间色　　　　　　　　　　(2) 五行相克间色

五行色彩学间色区划图

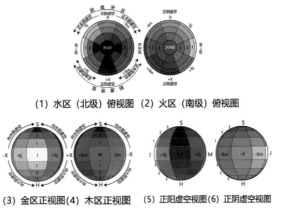

(1) 水区（北级）俯视图　(2) 火区（南级）俯视图

(3) 金区正视图(4) 木区正视图　(5) 正阳虚空视图(6) 正阴虚空视图

五行色彩学色立体全视图

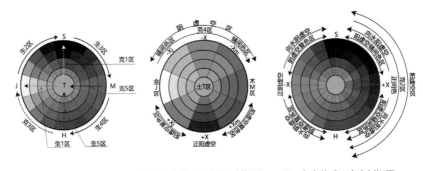

(1) 色立体球正剖切图　　　(2) 色立体球横（沿赤道）剖切图　　　(3) 色立体球正虚空剖切图

五行色彩学色立体剖切图

图 1-3

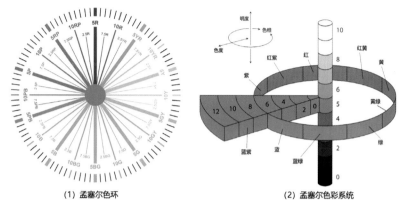

（1）孟塞尔色环　　　　　　　　　　　　　（2）孟塞尔色彩系统

图 1-4

图 1-5

图 1-6

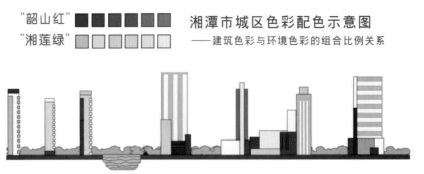

"韶山红"
"湘莲绿"

湘潭市城区色彩配色示意图
——建筑色彩与环境色彩的组合比例关系

图 1-7

图 1-9

图 2-1

图 2-2

图 2-3

图 2-4

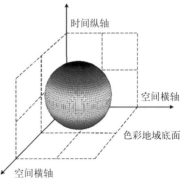

图 3-1

181

图 3-4

图 3-5

图 3-6

图 3-7

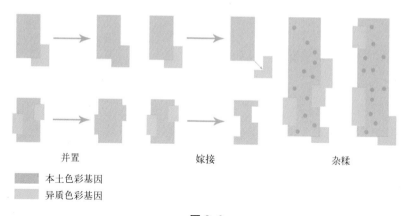

并置　　　　　　　嫁接　　　　　　　杂糅

■ 本土色彩基因
■ 异质色彩基因

图 3-8

图 4-2

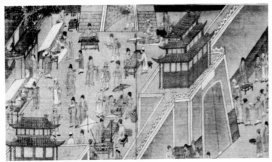

图 4-3

图 4-4

图 4-5

图 4-6

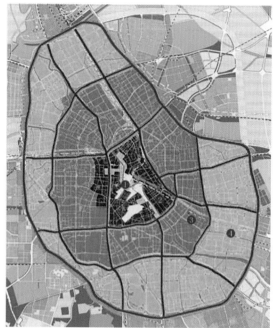

图 4-8

图 4-9

图 4-10   图 4-11

图 4-12

图 4-13

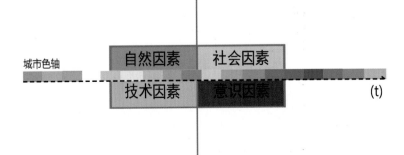

图 4-15

186

20 世纪 30、40 年代

20 世纪 90 年代

21 世纪

图 4-16

30年代 天津百货大楼　　50-70年代 天津百货大楼　　80年代 天津百货大楼　　90年代 天津百货大楼

图 4-17

图 4-18

图 4-19

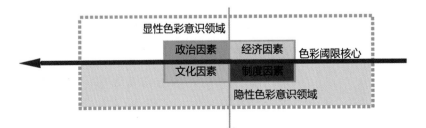

图 5-2

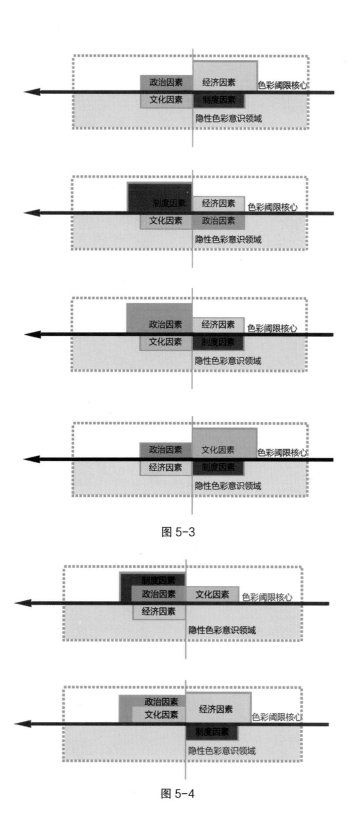

图 5-3

图 5-4

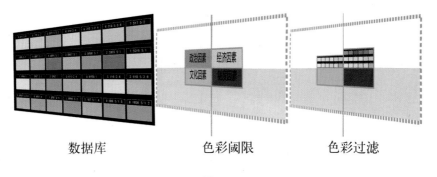

数据库　　　　　　色彩阈限　　　　　色彩过滤

图 5-5

图 6-1

图 6-2

190

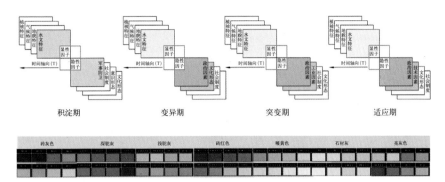

积淀期　　　　　变异期　　　　　突变期　　　　　适应期

图 6-7

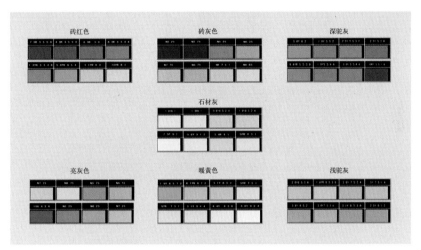

图 6-8

建筑材料：砖材、贴砖

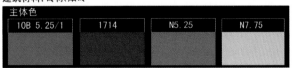

图 6-9

建筑材料：砖

主体色			
6.9R 3/3.6	4.4YR5/4.8	1.3YR5.5/4.8	7.5R5/4.4

图 6-10

建筑材料：铝板

主体色			
7.5PB9/1	N8.25	4.4PB 9/1	6.9PB7.5/2.4

图 6-11

建筑材料：涂料·石材

主体色			
4.4Y 7/4.8	10R 8/7.2	8.1Y 9/1.2	5Y 9/2.4

图 6-12

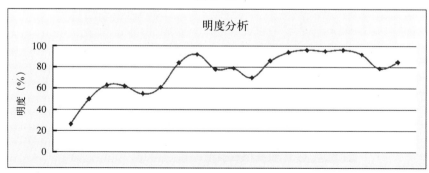

图 6-13

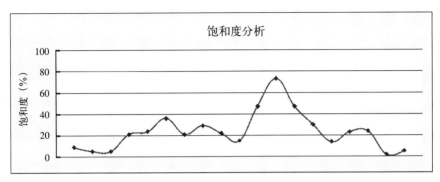

图 6-14

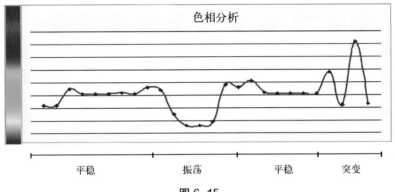

平稳   振荡   平稳   突变

图 6-15

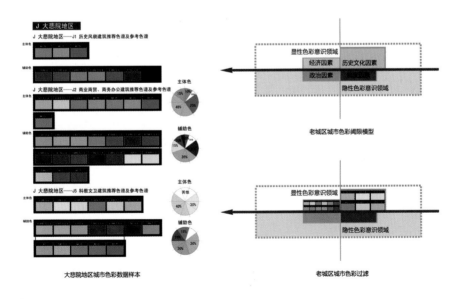

图 6-16

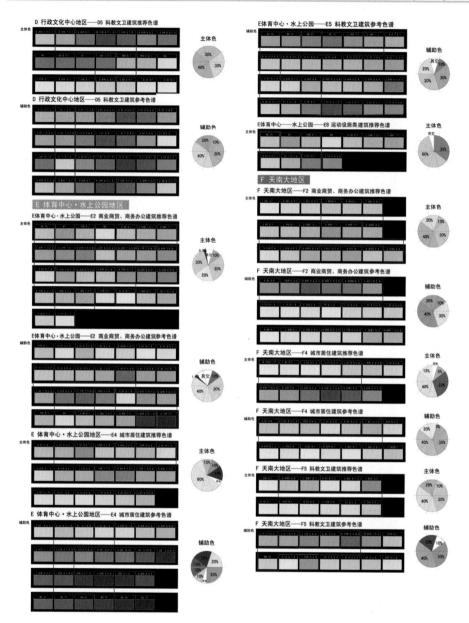

图 6-17（一）

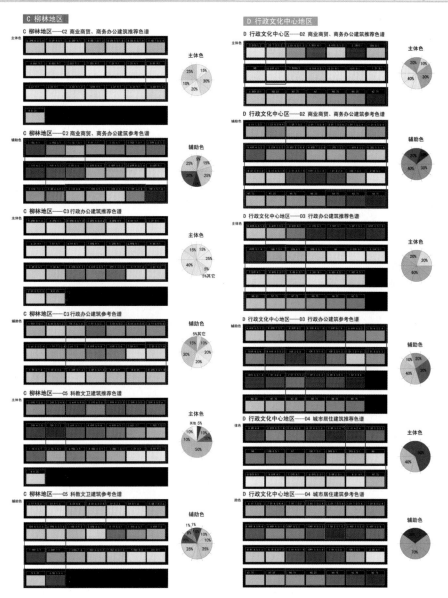

图 6-17（二）

图 6-17（三）

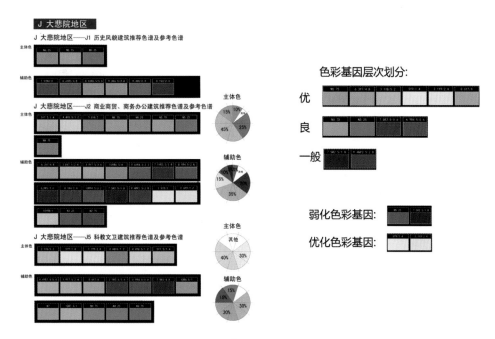

图 6-18

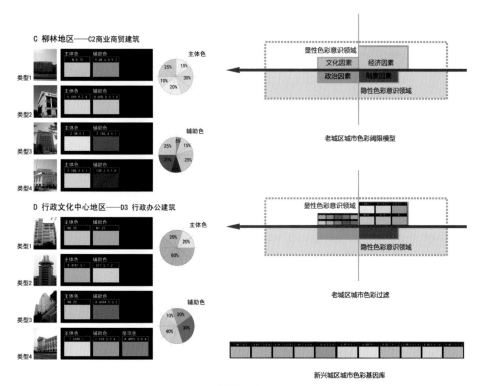

图 6-19